瑞蘭國際

瑞蘭國際

覆面調查員の大東京私房美食情報

跟著在地人吃日本！

樂大維／著

我的大東京美食宣言：
「覆面調查員」第一手嚴選報導

人生就該好好享受美食！

上回《跟著在地人玩日本！第一手初體驗的大東京冒險之旅》（瑞蘭國際出版）帶著大家到處遊山玩水；這回則要帶著大家吃遍大東京的大街小巷。從傳統的日本料理到時下流行的蛋糕甜點，全部都一網打盡。我特別透過日本當地的平面報章媒體，網羅各地的好店。和一般旅遊書不同的是，為了能忠實、客觀地做出美食報導，所以特別以「覆面調查員」（蒙面調查員）的身分前去！

說起「覆面調查員」，這是流行在日本主婦間一種賺外快的工作。被委託者喬裝成一般的客人進到餐廳中，針對店家的服務態度、所提供的菜色、店內環境與廁所的整潔程度等進行調查，最後提出觀察報告。因此，在一般的美食雜誌封面常會看到「完全覆面調查」這幾個字，以增加讀者的好奇心。

在整個調查的過程中，調查員會仔細考察服務生是否會向客人問好、隨時隨地保持禮貌、關心客人的用餐情況，或是點餐後到送餐之間所花費的時間，以及餐點的擺盤是否美觀等，這些細節都是不能放過的重要項目。在各環節裡若有一個閃失，調查員可是不會手下留情的。

　　這次我也秉持著蒙面調查員嚴謹的精神，事前不讓店家知道採訪的事，自己先去體驗一下。若是各個方面都有達到不錯的水準，便與店家交涉是否願意讓我介紹，再把這第一手的美食情報交到大家的手上，希望能夠傳達當下在餐廳中最真實的用餐感受。

　　除了介紹好吃的店家外，也要增加大家的美食知識！比方說，相撲選手都吃什麼樣的火鍋呢？青森、九州與沖繩料理各有什麼特色呢？怎麼吃才能夠吃出健康的人生呢？日本人的年菜有些什麼呢？別走，以上的答案統統都要告訴你！我們不妨邊吃邊說……

馬上就來大快朵頤一番吧！

樂大維

特別感謝：
武藤友真先生、細野貴宏先生、石川和宏先生、上山匠先生、
二瓶里美小姐、佐佐木吉彥先生、王如音小姐一家人

目次 Contents

我的美食調查報導

傳統！
一定要吃的日本料理

獨享！
零食點心的甜蜜誘惑

Chapter 03

慢活！
浪漫悠閒的咖啡時光

Chapter 04

逗趣！
新奇好玩的主題餐廳

附錄

已經收拾好行囊的你，與我一同去挖掘美食吧！

1

傳統！
一定要吃的日本料理

　　喜歡去日本旅遊的人，細數日本的經典料理，「壽司」、「牛丼」、「拉麵」等一定跑不掉；喜歡看電視的日劇迷們，屢屢看到戲中人物吃得津津有味的模樣，更是心生羨慕吧！在有美食眾合國之稱的台灣，雖然也能吃得到日本美食，但還是要親赴日本，才能感受當地的飲食文化及道地滋味。就如同日本俗諺「思い立ったが吉日」（思い立ったが吉日 < o.mo.i.ta.t.ta ga ki.chi.ji.tsu >；好事不遲疑，馬上就行動），讓我們現在立即進攻美食！

新幹線送壽司：魚べい

　　來日本吃美食的話，讓我們從最傳統、最基本款的日本料理開始吃起，壽司一定是大家的不二選擇吧！在日本，百圓商店（如同39元均一的大創百貨）是生活上的好夥伴，什麼雜貨都買得到。而在吃的方面，現在也有價格實惠的迴轉壽司，大部分每盤加稅後都是100日圓出頭而已。

　　我家附近的這家迴轉壽司——「魚べい」（魚べい^{うお} < u.o.be.e >；魚米），與台灣看到的元氣壽司是姊妹店！（※ 想知道開在東京都的平價壽司，請參考本節最後方的網址連結）有吧台的座位，也有餐桌的座位，但多數是一家人來用餐。當假日擁擠時就要拿號碼牌排隊，所以我這次趁平日來吃，會比較悠閒。

正宗的迴轉壽司

1 一個人適合坐吧檯的位子。
2 要喝熱茶的話，加一匙綠茶粉剛剛好。

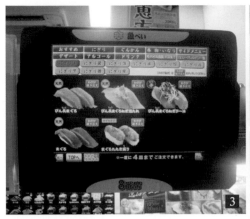

③ 大家可使用觸碰式面板，點一些遲遲不出現的壽司。
④ 這是美乃滋噴烤鮭魚。
⑤ 納豆軍艦壽司賣相極佳。

　　坐下來後會看到桌上放有裝綠茶粉的罐子，只要輕輕加一匙在杯子裡，注入熱水就可以喝了。雖然可以隨意拿轉盤上的壽司，但老是等不到想吃的壽司時，就可以利用觸碰式面板點餐。因為有英文翻譯，不會日文也沒關係，輕鬆就能在上面點選自己想吃的壽司。怕芥末的人，也可以選擇不加芥末的選項。好玩的是，不過一會兒，就有賽車或新幹線咻一下送到我們面前來。

台灣少見的口味

　　平常為了方便與省錢，常會在超市買壽司來吃。但能到店裡來吃是最好不過的，因為可以吃得到現做的新鮮壽司！轉盤上像是台灣一般常見的口味這次就直接跳過，我點了一些較特別的來嘗鮮。「圍起我的圍兜兜，我要開動了！」「いただきます。」（< i.ta.da.ki.ma.su >；開動了）。（每一盤均一價 100 日圓＋稅）

■ 第一類：「握壽司」中，我點了「美乃滋噴烤鮭魚」、「鮪魚泥」。
　這盤表面微焦的壽司裡，鮭魚的「鮮」配上了美乃滋的「甜」，
　令人讚不絕口。而平鋪在壽司上的鮪魚泥，鬆軟綿密、入口即化。

■ 第二類：「軍艦壽司」中，我點了「納豆」（大豆經過發酵後
　的產物）的口味。
　納豆為日本傳統的早餐之一。這個納豆壽司最大的特色就是「絲
　絲入扣」的黏稠感，可聞到豆子獨特的氣味。

■ 第三類：「壽司捲」中，我點了「葫蘆乾捲」的口味。
　聽店員說，這是把葫蘆切片曬乾後，用醬油調味所捲成的壽司。
　那壽司裡面的葫蘆乾吃起來像是醬菜，所以配醋飯一拍即合。

■ 第四類：「甜點」中，我點了「富士蘋果蛋糕」。
　蛋糕裡有慕斯＋果肉＋酥皮這三種從軟到硬具有層次的口感，
　讓我忍不住站起來為廚師的巧思鼓掌喝采，「**在座的各位也請
　掌聲鼓勵**！」但好像沒 ・ 人 ・ 理 ・ 我⋯⋯。

1 葫蘆乾捲對我來說很特別。
2 飯後的甜點是富士蘋果蛋糕。

大家可以在觸碰式面板上找到上面所提到的美食！

壽司名	日文名	羅馬拼音
握壽司	にぎり	ni.gi.ri
美乃滋噴烤鮭魚	サーモンマヨ炙り	sa.a.mo.n.ma.yo.a.bu.ri
鮪魚泥	まぐろたたき盛り	ma.gu.ro.ta.ta.ki.mo.ri
軍艦壽司	軍艦巻き	gu.n.ka.n.ma.ki
納豆	納豆	na.t.to.o
壽司捲	巻物	ma.ki.mo.no
葫蘆乾捲	かんぴょう巻	ka.n.pyo.o.ma.ki
甜點	デザート	de.za.a.to
富士蘋果蛋糕	ふじりんごケーキ	fu.ji.ri.n.go ke.e.ki

除了「吃」還能「玩」

因為點這個蛋糕可以玩一次吃角子老虎，所以我來試試手氣如何。跟我想像中的一樣，連成一線的機率和寫錯自己的名字一・樣・低。吃飽要離開時，利用觸碰式面板請店員過來算算吃了多

少盤，之後帶著帳單到收銀台結帳即可。今天才吃了 5 盤，證明我
是一個戰鬥力很低的男生！

魚べい | 東京都 | 店舖名（分店名）
→ http://www.genkisushi.co.jp/search/bland_list.php?category_id=
3&prefect_id=13

かっぱ寿司 | 東京都 | 店舖名（分店名）
→ http://kappazushi.jp/shop_info/shoplist.php?areaname=3#tokyo

くら寿司 | 東京都 | 店舖名（分店名）
→ http://www.kura-corpo.co.jp/store/list/Store.prefecture_id:13

★最道地的實用句★【用完餐要結帳前，常這樣説】

ごちそうさま（です）。

< go.chi.so.o.sa.ma (de.su) >
我吃飽了。

Chapter 1-2 牛丼的新吃法：松屋、吉野家、すき家

在日本，「牛丼」（牛丼 <gyu.u.do.n>；牛丼）的連鎖店很多，經濟又實惠，常見的有「松屋」（松屋<ma.tsu.ya>；松屋）、「吉野家」（吉野家<yo.shi.no.ya>；吉野家）及「すき家」（すき家<su.ki.ya>；Sukiya），是我們男生們外食

芥末山藥泥牛丼吃起來有沙沙的口感。

時的方便選擇，而女性的顧客卻不多見，她們大概都去些像「ファミレス」（<fa.mi.re.su>；完整名稱：ファミリレストラン<fa.mi.ri.re.su.to.ra.n>；家庭式餐廳）或義大利麵餐館等較優雅的地方吧！

大大小小的牛丼

話說回來，讓我們先來熟悉一下牛丼常見的分量吧！某家店的分類如下：

小 ←					→ 大
ミニ <mi.ni> 迷你	並盛（なみもり） <na.mi.mo.ri> 一般碗	中盛（なかもり） <na.ka.mo.ri> 中碗	大盛（おおもり） <o.o.mo.ri> 大碗	特盛（とくもり） <to.ku.mo.ri> 特大碗	メガ <me.ga> 超大

※ 有的店「メガ」後還會出現「ギガ」（<gi.ga>；巨無霸）。

牛丼的進階吃法

　　　除了基本款的牛丼外，還有幾種不同的進階吃法是台灣少見的。只要加了其他的料，就能激起不同的美味火花！店家也會挑選當季的食材，研發出各種好吃的牛丼。最近有什麼新鮮貨呢？我得來嘗一嘗。「圍起我的圍兜兜，いただきま～す。」

■焼き牛丼

（＜ ya.ki.gyu.u.do.n ＞；燒烤牛丼）

一般牛丼上的牛肉都是用燉煮的，但這碗的牛肉是用烤的！一端上來，肉片的香味四溢，除了咬起來嫩嫩的之外，而且邊邊還被烤得焦焦脆脆的，完全征服了我的味蕾。當一個人想吃烤肉時，就可以點這碗來解饞。之前推出的時候相當受歡迎，現在雖然沒有了，但很期待它能再次復活。（一般大小 330 日圓）

■おろしポン酢牛丼

（＜ o.ro.shi.po.n.zu.gyu.u.do.n ＞；白蘿蔔泥＋柑橘醋的牛丼）

清爽的白蘿蔔泥具有去油解膩的功用，所以配牛肉一起吃，是再好也不過的組合了。淋上柑橘醋後不僅增添了香氣，飯也變得酸溜溜的，相當開胃，忍不住一口接一口。（一般大小 470 日圓）

■わさび山かけ牛丼

（＜ wa.sa.bi.ya.ma.ka.ke.gyu.u.do.n ＞；芥末山藥泥牛丼）

我把山藥和芥末拌勻之後就開動了。整個山藥和牛肉融為一體，黏稠感十足，而少量的芥末已消失得無影無蹤。慢慢品嘗可以吃出山藥沙沙的口感，但也會被突如其來的芥末嗆到鼻子，連嘴唇也變得燙燙熱熱的。（一般大小 470 日圓）

1 燒烤牛丼上桌了。
2 「白蘿蔔泥＋柑橘醋」的牛丼，實在好味道！

點牛丼時，您還可以這麼請求

其實，有些人點餐時會有特別的要求，比方說希望多點滷汁的人，會告訴店員：「つゆだくで」（＜ tsu.yu.da.ku de ＞；我要多點滷汁）；若是平時不吃蔥的人，會請店員去蔥：「ネギ抜きで」（＜ ne.gi.nu.ki de ＞；我不要加蔥）；對於食量比較小的人，可以跟店員說：「ご飯少な目で」（＜ go.ha.n su.ku.na.me de ＞；白飯少一點），店員們都會親切地接受我們的特製請求！

牛丼外帶小常識

牛丼弁当こちらでご注文下さい
請在這裡點購牛丼便當

上面是某家牛丼店貼在外帶區的標語，最近在牆上還貼了「直盛り」（直盛り ＜ ji.ka.mo.ri ＞；直接放在白飯上）和「セパレート盛り」（セパレート盛り ＜ se.pa.re.e.to.mo.ri ＞；與白飯分開放）兩種外帶方式。這兩種有什麼差別呢？「直盛り」是把牛肉直接鋪

在白飯上，適合買回家馬上就吃的人，但也可以使用微波爐加熱；「セパレート盛り」則是將牛肉、滷汁與白飯分開裝，這樣滷汁則不會滲入飯裡，就算回家用微波爐加熱，也會像剛煮好的那樣好吃。即便是外帶回家享用，現在也變得非常講究了。

　　每一季的牛丼常會有不同的變化，也反映出各家牛丼店在口味上的創新與巧思。下次大家來日本玩的時候，也許又會有不同的新口味等待著大家！

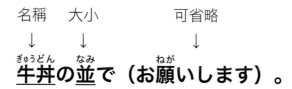

★最道地的實用句★【當要點餐時，常這樣説】

名稱　　大小　　　　可省略
↓　　　　↓　　　　　↓

牛丼の並で（お願いします）。
ぎゅうどん　なみ　　　　ねが

< gyu.u.do.n no na.mi de (o ne.ga.i shi.ma.su) >

（麻煩你）我要一碗一般大小的牛丼。

WEB 網址　【大家在以下的網頁中輸入你的所在地後，就能找到鄰近的分店！】

松屋｜店舗案内（分店介紹）
→ http://pkg.navitime.co.jp/matsuyafoods/

吉野家｜店舗検索（分店查詢）
→ http://mb.yoshinoya.com/y/map/

すき家｜店舗を探す（找尋分店）
→ http://maps.sukiya.jp/p/zen004/

Chapter 1-3　超豐盛海鮮丼：つじ半

　　吃完了牛丼，各位還對蓋飯意猶未盡嗎？在東京車站附近有一家叫做「つじ半」（つじ半 < tsu.ji.ha.n > ；Tsuji Han）的餐廳，堪稱能吃到奢侈的海鮮丼，所以想帶大家去吃吃看。果然這名聲不是浪得虛名，中午現場已經是大排長龍，我也等了幾乎快一個小時才能進店。不過在店外可以自己取水來喝，算是炎炎夏日中的貼心服務了。

圍著吧檯享受美味

　　其實店內小小的，大家都圍著吧檯坐，而師傅就在吧檯裡準備餐點。看師傅做海鮮

最便捷的電車站

【東京】東京

① JR：各線

　JR：各線

② 東京メトロ・丸の内線

　東京 Metro：丸之內線

【日本橋】日本橋

　東京メトロ：銀座線・東西線

　東京 Metro：銀座線、東西線

我將醬油輕輕地倒入海鮮丼裡。

1 一到中午，店外就大排長龍。
2 客人們都安安靜靜地享用著海鮮丼。
3 菜單上的選擇，只有簡單的這幾樣。

丼還滿好玩的。桌上有京都特產的「黒七味」（黒七味 < ku.ro.shi.chi.mi >；使用 7 種香料所製成的調味料）、「一味」（一味 < i.chi.mi >；辣椒粉）及生薑片讓客人取用。這裡就賣幾種海鮮丼而已（請見下方我比較推薦的單品），我則點了經濟實惠的「梅」。

ぜいたく丼（< ze.e.ta.ku.do.n >；奢侈丼）

■ 梅（< u.me >；梅）：基本款的海鮮丼（990 日圓）
■ 竹（< ta.ke >；竹）：「梅」＋螃蟹（1450 日圓）
■ 松（< ma.tsu >；松）：「梅」＋螃蟹＋海膽（1980 日圓）
■ 生ビール、日本酒、冷酒あります。

（< na.ma.bi.i.ru ni.ho.n.shu re.e.shu a.ri.ma.su >；有生啤酒、熱或常溫的日本酒、涼的日本酒。）

※ 日本的「松竹梅」，其等級由高到低：「松」→「竹」→「梅」。

店家推薦的吃法

　　首先師傅會把生魚片及醬油放在櫃檯上，要自己把它接到餐桌上來。這兩塊生魚片的祕密，待會兒再告訴大家。之後，我們先吃那巨大的海鮮丼吧！**「有沒有搞錯？根本就是一座海鮮山啊！圍起我的圍兜兜，いただきま～す。」**

　　聽說要把芥末和在醬油裡面後，再全部淋到飯上。這座海鮮山上的寶物很多，有小黃瓜、青蔥、鮪魚泥、魚卵等，還灑上了香噴噴的芝麻，真是好吃，好吃到我的靈魂彷彿出了竅，飛舞到空中旋轉、跳躍、我不停歇……。等整碗海鮮丼吃完，跟店員要點鯛魚高湯或白飯，再加上之前的生魚片，又能變成一碗海鮮粥，作為這頓飯最漂亮的收尾，「奢侈丼」實 · 至 · 名 · 歸。大家快來吧！

4 這是此店的招牌海鮮丼。
5 我的海鮮丼高得像座山。
6 大家餐後可以再要些高湯，又變成一碗海鮮粥了。

其他好吃的分店

　　這家店的人還向我推薦他們旗下的其他好店，如「二代目｜つじ田｜御茶ノ水店」這家以「つけ麺」（つけ麺 < tsu.ke.me.n >；沾麵）為主的餐廳，但拉麵也十分受歡迎。自 2005 年 7 月開店以來，排隊人潮始終不斷；或是「日本橋｜天丼｜金子半之助｜日本橋本店」這家是吃「天丼」（天丼 < te.n.do.n >；炸天婦羅飯）的店。自 2011 年 11 月開幕以來，也是客人排隊排得嚇嚇叫。「**來晚了，中午要等個 1 個半到 2 個小時也不稀奇！**」

1 姊妹店的「つじ田」，白天也要排隊。
2 沾麵是「つじ田」的人氣美食。
3 這張是在「金子半之助」的店門口拍的。
4 這碗炸天婦羅飯相當豐盛。

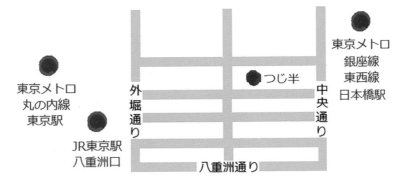

MAP
地圖

東京メトロ
丸の内線
東京駅

JR東京駅
八重洲口

外堀通り

● つじ半

中央通り

八重洲通り

東京メトロ
銀座線
東西線
日本橋駅

WEB
網址

日本橋海鮮丼｜つじ半
→ http://www.nidaime-tsujita.co.jp/03shop.html

二代目｜つじ田｜御茶ノ水店
→ http://www.nidaime-tsujita.co.jp/03shop.html

日本橋｜天丼｜金子半之助｜日本橋本店
→ http://www.hannosuke.com/shop/

★最道地的實用句★

ご飯少な目で、だしもお願いします。

< go.ha.n su.ku.na.me de da.shi mo o ne.ga.i shi.ma.su >

飯還要再一點點，也請幫我加高湯。

來碗客製化的拉麵吧！

Chapter 1-4 濃郁湯頭拉麵： 天下一品、 横浜家系ラーメン池袋商店、 節骨麺たいぞう

　　日文裡的「ラーメン」（＜ ra.a.me.n ＞；拉麵）是外來語，漢字原為「拉麵」或「老麵」。不管是清淡爽口的，還是湯頭濃郁的，都受到大家的喜愛。我比較喜歡吃的是湯頭濃郁的，所以想為大家介紹 3 家味道驚為天人的好吃拉麵。因為是老饕才知道的在地美味，而且到處都有連鎖店，所以有機會一定要去嘗嘗！

▌中式拉麵：天下一品

我最愛吃有糖心蛋的拉麵了。

　　這家店源於京都，叫做「天下一品」（天下一品<te.n.ka.i.p.pi.n>；天下一品），自拉麵攤發跡。當時這家店的老闆因公司倒閉，所以與友人開始賣拉麵。接下了拉麵攤之後，每天就不停地研究湯頭，終於在 4 年後研發出這個用雞骨、蔬菜等熬煮出來的獨家好湯。我常點的是「こってり中華そば」（こってり中華そば<ko.t.te.ri.chu.u.ka.so.ba>；濃郁的中式麵條），麵裡有筍乾、青蔥及叉燒等。麵的湯頭濃郁到讓人唇齒留香，一喝再喝。喝到最後，我每次都把碗整個抱起來，連碗邊的最後一滴湯汁都不放過。（一般大小 770 日圓）

▌客製化拉麵：横浜家系ラーメン池袋商店

這家拉麵店叫做「池袋商店」，開在池袋的東口。

　　「せぇーーー！」（<se.e>；源自於「いらっしゃいませ」<i.ra.s.sha.i.ma.se>後面的<se>，再把它的音拉長，為「歡迎光臨」之意）才一進門就被「横浜家系ラーメン池袋商店」（横浜家系ラーメン池袋商店<yo.ko.ha.ma.i.e.ke.e ra.a.me.n i.ke.bu.ku.ro.sho.o.te.n>；橫濱家系拉麵池袋商店）的店員那鏗鏘有力的招呼聲給震

懾住了。「横浜家系ラーメン」源於橫濱，採豬骨、雞骨與醬油熬製成湯頭，再配上有嚼勁的粗麵條。一般的麵裡基本上會有海苔、菠菜及叉燒等。

拉麵裡看起來濁濁的湯頭，是由豬骨和雞骨等燉煮而成。而好吃的粗麵條也是特色之一，這粗麵條吃起來比細麵條帶勁，吸起來的聲音更是響徹雲霄，非常過癮。店內也免費提供客人醃菜與乾洋蔥配麵吃。當把餐券遞給店員時，便可依照自己的喜好，特製一碗屬於自己的拉麵。（一般大小 650 日圓）

1 招牌上說店裡除了拉麵之外，也推出了沾麵。
2 打開後看到了乾洋蔥的真面目。
3 這些是掛在店裡的至理名言。
4 店家門口的燈籠很亮。

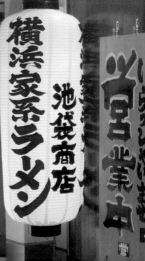

麺のかたさ ＜ me.n no ka.ta.sa ＞ 麵條的硬度	固め ＜ ka.ta.me ＞ 硬一點	普通 ＜ fu.tsu.u ＞ 普通	柔らかめ ＜ ya.wa.ra.ka.me ＞ 軟一點
味の濃さ ＜ a.ji no ko.sa ＞ 味道的濃度	濃いめ ＜ ko.i.me ＞ 濃一點	普通 ＜ fu.tsu.u ＞ 普通	薄め ＜ u.su.me ＞ 淡一點
脂の量 ＜ a.bu.ra no ryo.o ＞ 油的量	多め ＜ o.o.me ＞ 多一點	普通 ＜ fu.tsu.u ＞ 普通	少なめ ＜ su.ku.na.me ＞ 少一點

　　還有，每位顧客的目光都被店裡的至理名言深深吸引。

■ **感謝は全ての力の源　感謝是所有力量的來源**

ランチライス無料です！おかわり自由！

午餐白飯免費！任你吃到飽！

■ **正解を他人に求めるな　標準答案別問別人**

お好みはございますか？

您有偏好嗎？

■ **人生にリハーサルはない　人生沒有彩排**

味が濃かったり、薄かったら仰ってください！

口味要濃要淡您直説無妨！

■ **カロリーなんて怖くない　卡路里那種玩意兒不可怕**

追加トッピングはスタッフまで！

要多加什麼料，請告訴服務生！

▌海陸湯頭拉麵：節骨麵たいぞう

　　這家店源於池袋，叫做「節骨麵たいぞう」（節骨麵たいぞう < bu.shi.ko.tsu.me.n.ta.i.zo.o >）。為什麼會取這樣的名字呢？讓我說文解字一番——「節」是指由「乾青花魚」及「小魚干」等熬煮而成的魚湯；「骨」是指豬骨雞湯；「麵」是指從北海道老店出品的上等麵條；「たいぞう」是創店者的名字，漢字為「泰象」。

　　我常點的是「節骨こってりらー麵」（節骨こってりらー麵 < bu.shi.ko.tsu.ko.t.te.ri.ra.a.me.n >；魚湯＋豬骨湯的濃郁拉麵），而桌上的大蒜、胡椒粉、辣椒粉及魚粉都可以自由使用。麵上面白濁的湯頭都是滿滿的精華，而且別人家放的都是「筍片」，這裡卻

▌這裡是賣海陸湯頭拉麵的店。

是大大的「筍塊」，樂壞了我。（一般大小 690 日圓）

每次吃麵的時候，碗內湯汁都會胡・亂・噴・射，所以總是邊吃邊閃，非常忙碌。當我看到

怕被湯汁濺到的你，可以跟店員要個圍兜兜。

了餐桌前方上所貼出的告示，馬上向店員要一個紙圍兜兜戴起來，就不會弄髒衣服了。「我的小圍兜兜就無用武之地了！」

桌子旁邊貼著下面的標語：

**大切なお召し物の汚れを気にせず、
お食事を楽しんで頂けるよう、**
為了讓您不擔心會弄髒您重要的衣服，而能夠用餐愉快，

紙エプロンご用意しております。
我們為您準備了紙圍兜兜。

お近くのスタッフまでお申し付けください。
請您向身邊的店員開口索取。

上次去某家店吃拉麵時，吃著吃著發現麵裡的蔥，居然是愛心的形狀！這蔥就像是顆投進池塘裡的小鵝卵石，在我的心裡激起一朵朵的漣漪。我也想把這份愛擴散給我周圍的每一個人，麵越吃心情越好。對了！若是大家嫌拉麵裡面的料太少時，也可以再另外加一些配料。一般常見的有：

トッピング（< to.p.pi.n.gu >；配料）			
ワカメ < wa.ka.me > 海帶	あおさ < a.o.sa > 海藻	チャーシュー < cha.a.shu.u > 叉燒肉	海苔^{のり} < no.ri > 海苔
ねぎ < ne.gi > 青蔥	もやし < mo.ya.shi > 豆芽菜	味付玉子 < a.ji.tsu.ke.ta.ma.go > 糖心蛋	きくらげ < ki.ku.ra.ge > 木耳

1 我在拉麵裡看到了愛心狀的青蔥。
2 你還可以加其他的配料在拉麵裡！

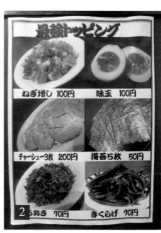

説到拉麵，一向給人高熱量的負面印象。注重健康的人，最忌諱吃拉麵了。不過想吃的時候，總是克制不了自己的口腹之欲。拉麵，真是個讓人又愛又恨的東西。但是轉念一想，偶爾投入拉麵這高熱量的懷抱，也何嘗不是一種溫暖的幸福！

WEB 網址

天下一品
→ http://www.tenkaippin.co.jp/

横浜家系ラーメン池袋商店
→ http://tabelog.com/tokyo/A1305/A130501/13169118/

節骨麺たいぞう
→ http://www.taizo-ramen.jp/

★最道地的實用句★【想詢問有無紙圍兜兜時】

すみません、紙エプロン（は）ありますか？

< su.mi.ma.se.n ka.mi.e.pu.ro.n (wa) a.ri.ma.su ka >

不好意思，有紙圍兜兜嗎？

壽喜燒的食材全都下鍋了。

道地日式火鍋：米新

最便捷的電車站				
東京 Metro：丸之內線	② 東京メトロ：丸ノ内線	JR：各線	① JR：各線	【新宿】新宿
		西武新宿線	西武新宿線	【西武新宿】西武新宿

▌相撲選手火鍋

　　到了冬天就開始想念起台灣的火鍋了。

日本的火鍋種類也很多，有「もつ鍋」（も

つ鍋 < mo.tsu.na.be >；牛和豬的內臟搭配韭

菜及高麗菜等青菜的火鍋）、「しゃぶしゃ

ぶ」（< sha.bu.sha.bu >；涮涮鍋）、「すき

焼き」（すき焼き < su.ki.ya.ki >；壽喜燒）、

「カキ鍋」（カキ鍋〈 ka.ki.na.be 〉；蚵仔火鍋）、「アンコウ鍋」（アンコウ鍋〈 a.n.ko.o.na.be 〉；鮟鱇魚火鍋）、「寄せ鍋」（寄せ鍋〈 yo.se.na.be 〉；在高湯裡放入魚、貝類、雞肉、香菇及青菜等烹煮的火鍋）等。

這是大家都能吃的相撲選手火鍋。

來點不一樣的吧

這次我們要去吃的是，在一般居酒屋都能吃得到的「ちゃんこ鍋」（ちゃんこ鍋〈 cha.n.ko.na.be 〉；相撲選手鍋），而「ちゃんこ」即「相撲選手所吃的東西」。這相撲選手鍋則是「両国」（両国〈 ryo.o.ko.ku 〉；兩國，東京都內的地名）的著名美食。大家一定很好奇這種火鍋到底有什麼山珍海味吧！火鍋裡的主角有香菇、金針菇、肉丸、紅蘿蔔、冬粉、豆腐、青蔥、白菜與茼蒿等。其實這種火鍋裡並沒有一定要放的料，都是一些很普通的食材，而火鍋裡的配角就是當成公筷使用的「長筷」與勺子了。

不可不注意的用餐禮儀

有位禮儀方面的專家，在《世界一美しい食べ方のマナー》（全世界最優雅的用餐禮儀）一書中表示，在吃火鍋的時候，「公私分明」才能讓吃鍋氣氛更愉快。所謂的「公」，就是大家所共用的鍋；「私」則是個人所使用的筷子或飯碗等。在撈火鍋裡面的東西時，特別注意要「公私分明」。

其中要避諱日本人常說的「直箸」（直箸 < ji.ka.ba.shi >；指將自己用過的筷子再放進火鍋）。為了避免上述的情況發生，有些人會特意把筷子反過來幫大家夾菜，這樣的用筷方式叫做「逆さ箸」（逆さ箸 < sa.ka.sa.ba.shi >）。原以為這樣做是好意，但筷子另一頭也被手摸過了，再放進鍋裡也會讓人不舒服吧！因此，吃鍋的上上策就是請大家要盡量使用公筷。這個不就是我們台灣「公筷母匙」的概念嗎？

這家居酒屋規定這個火鍋要 2 個人以上才能點，但最後整個火鍋都被我吃完了，實在太滿足了。**「終於吃飽了，我得要趕去比下一場的相撲，先走了，再見。」**

▌日式壽喜燒

隔幾天日本朋友帶我去新宿吃了「すきやき」（< su.ki.ya.ki >；壽喜燒）。這家叫做「米新」（米新 < yo.ne.shi.n >；米新）的店開在這寸土寸金的鬧區，果不其然裡面空間不大，我們可以說是用「鑽」的進到店裡。進去後熱情的老闆娘冷不防地奉上濕毛巾給我們擦手，然後按照日本的習慣，先點飲料喝。之後，日本朋友就幫我們點了一桌好吃的東西。

1 這家吃壽喜燒的餐廳，其店內空間不大。

怎麼吃壽喜燒呢

親切的老闆娘先幫我們用牛油熱鍋，再放入蔬菜、豆腐及肉片等，最後再加入關東風味的調味醬汁。雖然老闆娘說醬汁裡的配方是商業機密，但仍被好奇寶寶的我問了出來。這醬汁裡有酒、砂糖、「みりん」（＜mi.ri.n＞；味醂，像是甜米酒的調味料）等。

這時想吃壽喜燒

趁煮肉的空檔，我問了兩位在場的日本友人，平時什麼時候會想吃壽喜燒。

友人 A：家裡有好事的時候，比方說，爸爸升官、孩子考上大學等。雖然吃壽喜燒時用的是很好的牛肉，不過用豬肉取代也可以。

2 前方是調味醬汁；後方是昆布白湯（煮到最後可再加）。
3 鍋子熱了之後，我們先加了蔬菜進去。
4 我來幫牛肉翻個面。

友人 B：像是過年和家人團圓、親戚相聚時會吃。有時候，朋友送來上選的牛肉時也會吃。因此對日本人來說，壽喜燒給人有大餐的感覺。

老闆娘不知從何方又探出了頭來說：對，對！像是領到薪水變有錢時，或是天氣變冷時都會吃。

肉及菜終於熟了，我手中的筷子已經在蠢蠢欲動了。「**圍起我的圍兜兜，いただきま～す。**」日本友人教我把雞蛋打在碗裡，然後攪拌一下，再和著肉片吃就可以了。裹著蛋汁的肉片滑入口中，整個香氣撲鼻而來。硬實的肉片嚼勁十足，堪稱第一男主角；鬆軟的肥肉綠葉相襯，更是最佳女配角，真是幸福到了極點，不由得哭天喊地：「**我的爹啊！我的娘啊！實在太好吃了！**」

加點的菜和肉也送來了。

肉片及蛋汁完美的結合。

　　剛出現的用餐禮儀專家，還教大家如何把壽喜燒吃得很優雅。要是像我一般的凡夫俗子，可能就大塊大塊地直接挾起來吃。趁蛋汁及醬料還沒滴下來的那一刹那，馬上塞進嘴巴裡（哥哥有練過，大家別模仿），吃得豪爽最重要。當然這是錯誤的示範！我們請專家上場。（來賓請掌・聲・鼓・勵。）專家認為，為了不讓肉上的蛋汁及醬料流下來，建議把肉對折，一口就能吃完。而小塊的肉裡可以再包蔥等青菜來吃，蔥那清脆的口感及甜味，可以把肉的美味帶出來！

其他配菜也出色

　　之後我們還點了其他的配菜，包括有炸蝦、煙燻鴨肉、米糠醃菜及烤牛舌等。當我夾起一片牛舌，正要往蛋清裡面涮的那一瞬

間，神出鬼沒的老闆娘從遠方衝了過來，大聲地跟我說：「**NO！**」，「**我做錯什麼了嗎？**」原來我誤把這片牛舌當壽喜鍋的牛肉了！其實剛烤好的牛舌直接吃就可以了。

配菜名	日文名	羅馬拼音
炸蝦	エビフライ	e.bi.fu.ra.i
煙燻鴨肉	合鴨スモーク （あいがも）	a.i.ga.mo.su.mo.o.ku
米糠醃菜	ぬか漬け （づ）	nu.ka.zu.ke
烤牛舌	牛タン焼 （ぎゅう）（やき）	gyu.u.ta.n.ya.ki

我們這群大胃王因為還吃不飽，所以又加點了一些菜、肉和白飯。我想把鍋子裡看起來很下飯的濃稠醬汁淋在白飯上，變成台灣的滷肉飯。不過，我的日本友人卻有不同的吃法──肉歸肉，飯歸飯，一口肉再一口飯，這樣吃能產生味道濃淡相間的口感。

當結完帳離開店時，入境隨俗地用日文跟店內的人說聲：「我吃飽了！」這麼溫馨的小店讓人還想再來。「**人超好的老闆娘，今天妳把我嚇到晚上做夢都會夢到妳！**」

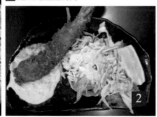
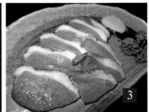

1 烤牛舌吃起來很有嚼勁。
2 剛炸好的炸蝦很香！
3 這盤是煙燻鴨肉。

MAP 地圖

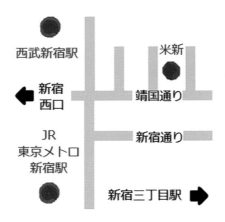

西武新宿駅

新宿
西口

JR
東京メトロ
新宿駅

米新

靖国通り

新宿通り

新宿三丁目駅

WEB 網址

米新
→ http://tabelog.com/tokyo/A1304/A130401/13082959/

★最道地的實用句★【要點菜時】

すみません、注文いいですか？

< su.mi.ma.se.n chu.u.mo.n i.i de.su ka >

不好意思，我可以點菜了嗎？

獨享！
零食點心的甜蜜誘惑

　　當和日本朋友聚餐，吃到最後已經很飽了，但仍然抗拒不了甜點的誘惑，這時就印證了日本人常說的「甘いものは別腹」（甘いものは別腹 < a.ma.i mo.no wa be.tsu.ba.ra >；甜點要進第二個胃）。就算第一個胃超載了，仍有辦法變出第二個胃來裝甜點，我只能說日本的甜點太好吃了。舉凡冰淇淋、蛋糕、大福等，都做得又精緻又美味。馬上來為大家介紹這些甜點或點心的專賣店吧！

這家零食專賣店位於陽光城裡。

Chapter 2-1 古早味小點心：1丁目1番地

我記得小時候放學會去小雜貨店抽獎，然後就有綠豆糕吃，像王子麵、麥芽糖等懷舊點心都能喚起兒時的回憶。今天去買日本的「古早味點心」來吃吃看吧！名為「Sunshine City」（陽光城）的購物中心位於池袋，是觀光客們必來的景點之一。

最便捷的電車站		
【池袋】池袋		
① JR：各線（東口）		③ 東武東上線
JR：各線（東口）		東武東上線
② 東京メトロ：丸の内線		④ 西武池袋線
東京Metro：丸之內線		西武池袋線

42

　　裡面有家古早味點心專賣店，叫做「１丁目１番地」（１丁目 <ruby>１番地<rt>いちばんち</rt></ruby> < i.c.cho.o.me i.chi.ba.n.chi >）。在台灣，我們寫地址的時候，都是依「××區→××路→××段→××巷→××號」的順序排列吧！在日本則是「××区→××丁目→××番→××号」，所以這家店取了一個門牌號碼風的店名，裡面賣著五花八門的小零嘴。現在就和我一起乘坐時光機，重拾過往的童趣吧！

聽聽店員的推薦

　　店內的零食琳瑯滿目，讓人不知從何挑起。對了！我來問一下店員，請她為我推薦推薦。「**大姊姊，大姊姊！我想吃糖糖，哪個好吃呢？**」她邊帶我逛邊告訴我說，某些季節限定或是各式巧克力都頗受歡迎。她也指著收銀台下方各式各樣的小糖果，表示客人們都會在結帳時順手挑幾個放進籃子。有些點心可以自己動手做又好吃，所以很多人會買回去送國外的朋友；有些點心經過電視報導後大家會來店裡找。店員到底向我介紹了哪些點心呢？

品嚐後的心得感想

■ 小猴子巧克力（32 日圓）

這是小猴子巧克力。

　　小猴子造型的包裝很搶眼，裡面有３種顏色的巧克力，分別能增加不同的運氣——粉紅色：將來會更順遂；綠色：學業會更順利；紫色：穿衣會更時尚。所有願望想同時實現的我，貪心地全部都吃了進去！

■ 鑽石戒指糖（53 日圓）

這個鑽石戒指糖，台灣似乎也有，以前我小時候買過，可以戴在手指上。乍看之下好像是小朋友才會買的，但實際上很多大人也很喜歡！大概是大人覺得可以重溫吸奶嘴的樂趣吧！

■ 2 款玉米球（21 日圓、35 日圓）

這兩種玉米球都是歷久不衰的長賣商品。平時在超市或者是便利商店裡看到的都是大包裝，而這樣的小包裝顯得迷你可愛，買個濃湯及海苔 2 種口味，交換著吃剛剛好。

■ 黃豆粉麻糬（35 日圓）

這包裡面共有 4 個黃豆粉麻糬，吃起來甜是甜，但一點都不黏牙。可是吃的時候要小心掉屑屑！

■ 愛嚼海鮮條（32 日圓）

這裡面有小魚條和烏賊條，咬起來都有點硬，而味道則是酸酸的卻不辣。店員說這個有買一送一的中獎機會，所以造成熱賣。而且還能利用包裝集點，參加抽獎！

■ **水果跳跳糖（74 日圓）**

這個就像跳跳糖一樣，會在嘴巴裡跳著熱情的森巴舞！除了葡萄口味外，還有哈密瓜蘇打的選擇。

■ **迷你甜甜圈（42 日圓）**

這包縮小版的甜甜圈很像玩具，外皮上撒著晶瑩剔透的糖粉。吃起來並不像一般甜甜圈那樣地鬆軟，反而有種紮實的感覺。

■ **繽紛水果糖（63 日圓）**

這繽紛水果糖裡有附一個小牙籤，可以把糖果叉起來吃。看起來糖果硬硬的，但是吃起來卻是軟軟的！

■ **蒜烤脆米菓（35 日圓）**

這包是洋芋片嗎？不是，這是蒜烤口味的脆米菓！包裝上寫說正因為米菓是心型的設計，所以吃起來會有讓人心跳加速的美味。

■ **糖果照相機（63 日圓）**

這盒糖果被設計成即可拍的獨特造型，很有創意吧！一按下快門，糖果就會從鏡頭跑出來。我們來拍照吧！笑一個！

4 這是黃豆粉麻糬。
5 這是愛嚼海鮮條。
6 這是水果跳跳糖。

1 這是鑽石戒指糖。
2 這是玉米球。
3 這也是玉米球。

這裡的零食滿坑滿谷。

■ DIY 軟糖（168 日圓）

聽說這種要自己 DIY 的軟糖組合很有人氣！我們可以把盒內 2 種顏色的軟糖和在一起，就能變化出新的顏色來。快來動手做做看吧！

在收銀台旁常讓人順手一拿的小點心有「草莓大福的棉花糖」（15 日圓）、「青蘋果口香糖」（15 日圓）、「可樂橡皮糖」（15 日圓）、「一口拉麵」（15 日圓）、「蘇打糖」（15 日圓）、「布丁巧克力」（25 日圓）等。每個都賣十幾二十日圓，不心動也難！「等一下，我的籃子裡怎麼東西越裝越多了？」

1 這是迷你甜甜圈。
2 這是糖果照相機。
3 這是 DIY 軟糖。
4 這是繽紛水果糖。
5 這是蒜烤脆米菓。

你可以告訴店員你想找哪一個產品！

小點心	日文名	羅馬拼音
小猴子巧克力	うんチョコ	u.n.cho.ko
鑽石戒指糖	プチリングキャンディ	pu.chi.ri.n.gu.kya.n.di
2 款玉米球	キャベツ太郎& コーンポタージュ	kya.be.tsu.ta.ro.o & ko.o.n.po.ta.a.ju
黃豆粉麻糬	きなこちゃん	ki.na.ko.cha.n
愛嚼海鮮條	カットよっちゃん	ka.t.to.yo.c.cha.n
水果棉花 跳跳糖	わたパチ	wa.ta.pa.chi
迷你甜甜圈	ミヤタのヤングドーナツ	mi.ya.ta no ya.n.gu.do.o.na.tsu
繽紛水果糖	キャンディーボックス	kya.n.di.i.bo.k.ku.su
蒜烤脆米菓	スーパーハートチップル	su.u.pa.a.ha.a.to. chi.p.pu.ru
糖果照相機	食べルンです Hi	ta.be.ru.n de.su
DIY 軟糖	つくるガブリチュウ	tsu.ku.ru ga.bu.ri.chu.u

草莓大福的 棉花糖	いちご大福	i.chi.go.da.i.fu.ku
青蘋果口香糖	マルカワ青りんご	ma.ru.ka.wa.a.o.ri.n.go
可樂橡皮糖	グミコーラボトル	gu.mi.ko.o.ra.bo.to.ru
一口拉麵	ヤッターめん	ya.t.ta.a.me.n
蘇打糖	サイダー	sa.i.da.a
布丁巧克力	デコリッチ・ プリンチョコ	de.ko.ri.c.chi pu.ri.n.cho.ko

① 這是蘇打糖。
② 這是一口拉麵。
③ 這是青蘋果口香糖。

MAP 地圖

駅北口

Sunshine City
サンシャインシティB1
１丁目１番地

60 階通り

JR
東京メトロ
池袋駅東口

グリーン大通り

東武東上線
池袋駅

西武鉄道
池袋線

WEB 網址

１丁目１番地
→ http://www.altastyle.com/shop/shop.php?id=113

サンシャインシティ｜繁體中文
→ http://www.sunshinecity.co.jp/chinese_t/index.html

★最道地的實用句★

すみません、一番売れて (い) るのは どれですか？

< su.mi.ma.se.n i.chi.ba.n u.re.te.(i).ru no wa do.re de.su ka >

不好意思，現在賣得最好的是哪一種？

02
獨享｜零食點心的甜蜜誘惑

冰品試吃報告：便利商店

　　豔陽高照，來去吃冰！日本的冰品，如冰淇淋、冰沙、冰棒等，種類琳瑯滿目，還常常推陳出新。有些獨特的口味台灣可能還吃不到，所以今天特地到便利商店，為大家先試吃看看。「**圍起我的圍兜兜，いただきま～す。**」

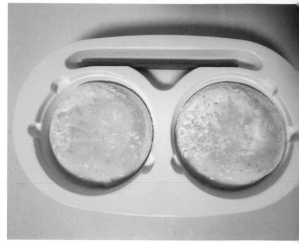
這兩粒日本麻糬裡面包有冰淇淋。

■ 湯圓冰淇淋（130日圓）

　　這盒冰淇淋裡的「白色糯米小湯圓」是吸引我的地方。打開盒子後可以看到5個小湯圓及帶皮的紅豆餡，用小湯匙在中間鑿開一個洞，就能看到最下面抹茶口味的冰淇淋。小湯圓、紅豆餡及冰淇淋都很甜，吃完後還真想喝個熱茶來潤潤口。看到盒內所剩的抹茶渣，

1 湯圓冰淇淋的盒上圖案很誘人。
2 打開盒子後看到了5顆小湯圓。

③ 這是起司鬆餅冰的外盒包裝。
④ 鬆餅裡夾著香草冰淇淋。

我靈機一動：「如果倒點熱水進來，不就是現成的綠茶嗎？」我想這家公司的日本人應該沒料到台灣的消費者竟還有這麼一招。剛剛吃完冰，現在喝熱茶，真刺激！

■ **起司鬆餅冰**（130 日圓）

這盒「起司冰」的外包裝上寫著「起司鬆餅皮＋檸檬汁＋起司冰淇淋」3 種創意的組合，讓人很想知道這吃起來到底是「鹹的」、「酸的」，還是「甜的」。本來我以為這是盒偏鹹的冰淇淋，但吃了之後發現，上層的起司餅皮鬆軟，整盒冰淇淋的甜度也剛好，但檸檬的酸香實在是鋒·芒·萬·丈，完全壓過起司的鋒頭。最後的結論：「檸檬，你太搶戲了！」

■ **麻糬冰炫風**（140 日圓）

印在產品外包裝的「大福」，說穿了就是日本的麻糬。這家公司會在麻糬裡包入冰淇淋，吃起來很過癮。平時最常出的是香草口味，不過這次卻新發售巧克力餅乾的口味。當咬下麻糬的第一口，會覺得外皮非常有彈性，而裡面濃郁香醇的冰淇淋也不遑多讓，入口即化的幸福風味讓人宛如置身天堂。「我·要·

成‧仙‧了！」我雙腿盤坐、凝視遠方，又飄向了另一個美味境界。

■ 杏仁豆腐冰（105日圓）

在日本的中式餐廳裡，「杏仁豆腐」是甜點時間大家常點的甜品，非常受歡迎。今天在便利商店，也發現了一個叫做「杏仁慕斯」的冰品。

1 這是麻糬冰炫風的外盒包裝。
2 不好意思，這是我吃到一半的冰炫風。

「難不成杏仁豆腐也能變成冰品？」上面還寫著：「這是融化不了，也是讓人感到不可思議的冰品。」事不宜遲，趕緊買來吃吃看。長條狀的冰品，照著包裝上從某端撕去後，就可以慢慢把白白的冰推出來。吃起來軟綿綿的，吃到最後一口，正宗的杏仁豆腐居然跑出來了，

「**你這頑皮的小東西！**」它給了我最後的驚喜，太高興了！

3 這是杏仁豆腐冰外面的包裝。
4 軟綿綿的冰吃起來入口即化。

若在便利商店裡找不到的話，你可以請店員幫忙找！

冰品	日文名	羅馬拼音
湯圓冰淇淋	やわもちアイス	ya.wa.mo.chi.a.i.su
起司鬆餅冰	チーズスフレアイス	chi.i.zu.su.fu.re.a.i.su
麻糬冰炫風	雪見だいふく	yu.ki.mi.da.i.fu.ku
杏仁豆腐冰	杏仁ムース	a.n.ni.n.mu.u.su

　　吃了這麼多種不同的冰，完全降火、通體冰涼。相較於台灣芒果冰、雪花冰的大份量與霸氣，日本這些小家碧玉型的冰品也倒挺可愛的！超商冰品多，充滿驚和喜，若是你到超商來，收穫特別多！

★最道地的實用句★【在便利商店結帳時】

店員：スプーンいりますか？

< su.pu.u.n i.ri.ma.su ka >

自己：はい、お願いします。

< ha.i o ne.ga.i shi.ma.su >

いえ、大丈夫です。

< i.e da.i.jo.o.bu de.su >

店員：您需要湯匙嗎？

自己：【需要時】好，麻煩你。

　　　【不要時】不，不用了。

好消暑冰淇淋：31 冰淇淋

　　大家可能在台灣街頭看過「31 冰淇淋」的店吧！我本來以為這是日本的品牌，但其實它源於美國。全球 50 個國家共約有 7500 家店，而目前在日本有 1000 多家的分店，號稱是日本規模最大的冰淇淋連鎖店！在日本名叫「サーティワンアイスクリーム」（＜ sa.a.ti.wa.n a.i.su.ku.ri.i.mu ＞；31 ICE CREAM），大家都簡稱它為「サーティワン」（＜ sa.a.ti.wa.n ＞；31）。

月底去吃冰淇淋吧

　　我常在行事曆的 31 日做上記號，因為那天「31 冰淇淋」有做促銷活動。每年 7 次的 31 日及 3 月 1 日，吃 2 球用餅乾或紙盒裝

我點的是起司與香蕉口味的冰淇淋。

的冰淇淋，就會有 31% 的折扣（也有部分店家沒做此活動）。平常捨不得吃的話，月底倒是可以奢侈一下！到了 31 日當天，不意外地店內滿滿都是人。不論男女老少，大家都來吃冰了。在冰櫃中熱門的口味有：

口味	日文名	羅馬拼音
草莓	ストロベリー	su.to.ro.be.ri.i
咖啡	コーヒー	ko.o.hi.i
焦糖	キャラメル	kya.ra.me.ru
檸檬	レモン	re.mo.n
香草	バニラ	ba.ni.ra
牛奶	ミルク	mi.ru.ku
甘納許 ※ 巧克力＋鮮奶油	ガナッシュ	ga.na.s.shu

店員穿梭在人龍之間

在排隊時，店員就會提早來幫客人點冰淇淋。等點好了口味，店員會遞一張小單子給客人，之後再把小單子交給櫃檯的店員即可。靠近櫃檯時，店員還會拿某種口味請大家試吃，但如果自己有想吃的口味，也可以不用客氣地告訴店員。上次電視節目上的報導說，吃幾次都可以！

不為人知的祕辛

　　節目上還報導許多不為人知的祕辛！正如其名，31 冰淇淋有 31 種口味，但為了能讓冰淇淋方便湊成偶數擺放在冰櫃中，所以又多加了 1 種口味，也就是有 32 種口味供客人選擇，而且每個月都會進新的口味。當挖冰淇淋時，若客人點 2 球以上，店員會先挖吃起來較硬的冰淇淋。這樣一來，最硬的墊在最底層，是不是上面的就很難倒下來了呢？你・真・行。

任何時候都不忘初衷

　　還有，當新的店開張時，總公司都會致贈一面鏡子當作賀禮。當店員上班前，不只是能整理服裝儀容，也可以對著鏡子練習微笑，不忘服務客人 的初衷，帶給客人最棒的笑容。能見到店員的

1 31 日與 3 月 1 日是冰淇淋的
　特價日！
2 冰淇淋的口味讓人眼花撩亂。
3 點完冰淇淋後，店員會給
　客人一張小單子。

笑容，等多久都值得了，同時我也回了店員一個淺淺的微笑。這個好吃的冰淇淋所帶來的快樂，變成了明天繼續衝刺的動力。「不用說，下個 31 號我一定也會準時報到。」

打 69 折，確實很吸引人。

WEB 網址

31 アイスクリーム
→ http://www.31ice.co.jp/

★最道地的實用句★【被問到要用什麼裝冰淇淋時】

コーン（或カップ）でお願_{ねが}いします。

< ko.o.n（或 ka.p.pu） de o ne.ga.i shi.ma.su >
請幫我用餅乾（或杯子）裝。

蛋包飯造型的蛋糕很炫吧！

百元精緻蛋糕：
MAPLIES

最便捷的電車站

【新宿】新宿

① JR：各線（西口）　　③ 小田急線

② 東京メトロ：丸の内線

　JR：各線（西口）　　　小田急線

④ 京王線・京王新線

　京王線・京王新線

東京 Metro：丸之內線

　　根據 JR 東日本的統計，「新宿車站」
是公認乘車人數最多的車站，每天約有
70 萬的人次（第二名：「池袋車站」；
第三名：「東京車站」）。特別是上下
班的尖峰時段，搭車就像打仗一樣，班
班都是沙丁魚般的電車。

在擠電車時，常能看到日本人衝鋒陷陣的一面。他們急忙地從手扶梯上跑下來，在電車關門音樂聲結束前的一秒，瞬間一個漂亮的轉身鑽進了電車裡。「**那種強烈的求生意志太振奮人心了！**」

只是有些人就沒這麼幸運了。一個漂亮的轉身往電車一擠，卻剛好卡在電車門裡，真是危險。當下的第一個念頭——「**快救人啊！**」正當想找電話亭換裝來救人之際，見那位乘客東扭西扭地蠕動著身體，硬是從電車的冰冷門縫中進到了車內。

擠車擠累的我，到了新宿後常會去光顧一家叫做「MAPLIES」的蛋糕店。那家店正開在新宿車站旁，而且蛋糕價格又親民，所以儘管是人潮來來往往的大車站，仍有很多人停下腳步排隊購買。

選蛋糕傷透腦筋

站在陳列蛋糕的櫥窗前，光是選蛋糕就教人傷透腦筋。日本人是煩惱不知道選哪個好；我則是煩惱外來語太多看不懂。大家可以看一看以下所提供的單字整理，日後再用手指輕輕點著櫥窗內的蛋糕，店員就知道我們要買什麼蛋糕了！

各式蛋糕都只要未稅價 100 日圓。

蛋糕	日文名	羅馬拼音
洋梨慕斯	洋梨のムース	yo.o.na.shi no mu.u.su
巧克力	ショコラ	sho.ko.ra
酥烤乳酪	ベイクドチーズ	be.e.ku.do.chi.i.zu
南瓜蛋糕	かぼちゃのケーキ	ka.bo.cha no ke.e.ki
蒙布朗	モンブラン	mo.n.bu.ra.n
栗子	マローネ	ma.ro.o.ne
泡芙	シュークリーム	shu.u.ku.ri.i.mu

吃完甜的就想吃鹹的

　　這家店的蛋糕大部分都是 100 多日圓，和其他咖啡店 5、6 百日圓的比起來，划算多了。蛋糕不但做得很精緻，味道也不錯！但有趣的來了，在蛋糕旁邊也賣起「拉麵」、「煎餃」、「炸豬排蓋飯」、「關東煮」、「蛋包飯」之類的美食！**「話是沒錯，一般吃完甜的，就會想吃點鹹的。」**

大家都被騙了嗎

　　事實上，它們也都是蛋糕喔！有沒有嚇了一跳呢？明明看到的是鹹食，但吃進去的卻是甜食，真是佩服發

這些可愛的蛋糕是給狗狗吃的。

看起來是「煎餃」，吃起來卻是「蛋糕」。

明這蛋糕的師傅。這些看起來仿真度百分百的蛋糕，大家一定要來鑑賞鑑賞！

　　大家有過這樣的經驗嗎？不知道吃了什麼，之後突然靈光乍現嗎？我覺得吃了好吃或新的東西後，不只是在味覺上得到了享受，說不定還會活化自己的大腦，產生新的靈感與點子。因此，各位朋友們在生活中也要常接受一些美食的挑戰！

　　對了，上次我還經過一家店，看到冰櫃中陳列著各式各樣可愛造型的蛋糕。但是走近一看，那些蛋糕居然是賣給寵物吃的！在日本，甜食的份連寵物都有，日本人的點子源源不絕，也非常會做生意。「**下次小狗也會跟主人吵著要買蛋糕嗎？**」

WEB 網址

メイプリーズ（新宿店）
→ http://maplies.wix.com/maplies

★最道地的實用句★

これ、ください。

< ko.re ku.da.sa.i >
請給我這個。

這家店裡有數不盡的甜點。

陶醉甜點天堂：
SWEETS PARADISE

　　剛才為大家介紹的那家外帶的蛋糕店，其所屬的公司旗下還有一家甜點吃到飽的餐廳——「SWEETS PARADISE」=「スイーツパラダイス」（< su.i.i.tsu pa.ra.da.i.su >；甜點天堂）。「**真有派頭的名字啊！**」敢取這樣的店名，我想一定是大有來頭，因此接下來也要把這家店介紹給大家。

最便捷的電車站
【新宿】新宿　JR・各線（東口）　JR・各線（東口）

好吃的甜食，男女都喜歡

　　這家店在電車站旁有很多的分店，我上次去的是位在地下一樓的新宿東口店，離 JR 新宿站最近。進到店裡先在門口的購票機買票，用餐限時 70 分鐘（票價及用餐時間，會因分店而異）。之後把票交給店員，店員就會幫忙帶位了。本來以為店裡都會是女性顧客，但是放眼望去，有不少男生是一個人，或是邀一大群朋友來吃。

開始拿甜點吧

　　「**我到底該從哪一區開始吃起呢？**」其實在餐廳裡面，停了一台很大的黃色貨車，上面則擺著許許多多的蛋糕、點心（請見下頁）及飲料；再往裡面走會看到鹹食區，有沙拉、披薩、義大利麵及濃

湯等；連「巧克力噴泉」也有！吃完後，餐盤及刀叉都送到回收口即可。「**圍起我的圍兜兜，いただきま〜す。**」我拿了這些蛋糕：

蛋糕	日文名	羅馬拼音
薄皮蒙布朗 （＝栗子蛋糕）	渋皮モンブラン	shi.bu.ka.wa. mo.n.bu.ra.n
覆盆子慕斯	フランボワーズのムース	fu.ra.n.bo.wa.a.zu no mu.u.su
抹茶紅豆蛋糕	抹茶と小豆のケーキ	ma.c.cha to a.zu.ki no ke.e.ki
蜂蜜檸檬	はちみつレモン	ha.chi.mi.tsu. re.mo.n
帶有果實顆粒的 橘子蛋糕	つぶつぶオレンジ	tsu.bu.tsu.bu. o.re.n.ji
紅茶戚風	紅茶シフォン	ko.o.cha.shi.fo.n
圓頂蛋糕 ※半球型的海綿蛋糕中，加入卡士達奶油餡及冰淇淋	ズコット	zu.ko.t.to

喜歡甜食的人，恭喜你找到了天堂。

吃完後的運動，當然是去血拼。

很有美式風格的餐廳

　　店內很寬敞也很舒適，裝潢得也很美式，像指示牌、吊燈及時鐘等。在座位旁還有一個爆米花車，隨時都可以挖取；那一頭有人把自己的願望寫在紙上，綁在竹葉的上面。聽說那是國曆 7 月 7 日晚上，向星星許願的方式！這就是日本七夕的過法。如果是日本的情人節，應該是在國曆 2 月 14 日，女生會送巧克力給周圍的男性朋友們，而隔月的 14 日，男生會回禮給女方，又稱為白色情人節。

這裡還能算命

　　我還在餐廳的某個角落，看到了「無料」（無料 < mu.ryo.o >；免費）兩個字。到底是什麼免費呢？其實是「塔羅牌占卜」。吃完甜食可以來算命，真是太妙了。這是特別舉辦的活動，而算命的時間也包括在用餐的時間裡，屬於不定時舉辦的活動。不過，我也會算命！我閉眼掐指一算，「**今天不論誰吃完這豐盛的一餐，卡路里一定都會飆高吧！**」

店內也有義大利麵及披薩等鹹食。

MAP 地圖

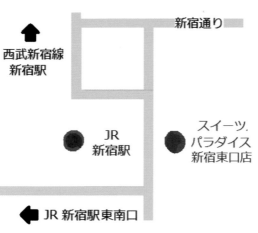

新宿通り

西武新宿線
新宿駅

JR
新宿駅

スイーツ.
パラダイス
新宿東口店

← JR 新宿駅東南口

WEB 網址

スイーツパラダイス｜店舗情報｜関東エリア
→ http://www.sweets-paradise.jp/shop/

★最道地的實用句★

すみません、お手洗いはどこですか？

< su.mi.ma.se.n o.te.a.ra.i wa do.ko de.su ka >

不好意思，洗手間在哪裡？

3
Chapter

慢活！
浪漫悠閒的咖啡時光

　　請問一下，有人和我一樣常一天到晚都窩在咖啡店嗎？也沒有什麼特別的原因，只是喜歡可以黏在沙發上的那種慵懶感覺。上上網查查東西；看看書放鬆心情；發發呆放空一下。若是家特別的咖啡店，更教人流連忘返吧！日本有許多新型態的咖啡店，有的擁有美麗的景致，有的充滿書香氣息。接下來要為大家介紹的店，都是「知る人ぞ知る」（知る人ぞ知る < shi.ru hi.to zo shi.ru >；雖並非誰都知道，但其價值及存在受到部分人士的肯定），讓我們一起浪漫悠閒一下吧！

善國寺就在神樂坂上。

可從飯田橋車站走到神樂坂。

3-1 媲美世外桃源：CANAL CAFE

最便捷的電車站		
【飯田橋】飯田橋		
① JR：中央・總武線（西口）	③ 東京メトロ・東西線・有楽町線（B2a出口）	
② 都営地下鉄：大江戸線（B2a出口）	JR：中央・總武線（西口）	東京Metro：東西線・有樂町線（B2a出口）
都營地下鐵：大江戸線（B2a出口）		

中午吃得太飽了，下午得找個地方散散步，所以決定到「神楽坂」（神楽坂< ka.gu.ra.za.ka >；神樂坂）走走。為什麼會有「神楽坂」這麼逗趣的地名呢？其由來有一說是以前這一帶神社及寺廟眾多，在祭典時會為「神」明伴奏音「樂」，因而有了「神楽坂」（「坂」在日文是「坡道」之意）這個地名。

坡道上的綠色隧道

目前在這裡還看得到江戶時代就有的老店，而且有 10 多家店是從明治、大正時代就開始經營。那坡道上兩排大樹形成了綠色的隧道，櫛比鱗次的商店讓人目不暇給。爬坡爬累了，逛店逛累了，就到一家開在車站旁、叫做「CANAL CAFE」的咖啡店歇個腿吧！

> 1603 年～ 1867 年　1868 年～ 1911 年　1912 年～ 1925 年

※日本的時代：～江戶時代 → 明治時代 → 大正時代 →
昭和時代 → 平成時代～現在

> 1926 年～ 1988 年　1989 年～

都市中的世外桃源

這家店分「室內」及「甲板」兩個用餐區，我先在櫃檯點餐之後，再到甲板區找位子坐。「**這裡真像座祕密花園！**」在眼前的是神田川，川邊的小舟搖搖晃晃，瀰漫夢幻氣息。這裡可媲美仙境，無疑是都市叢林中的世外桃源。「**天啊，我來到仙境了！**」

我選了一個近河邊的位置坐了下來。不知道是不是河裡的魚兒們通人性，馬上往我這邊蜂擁游來，都紛紛張著大嘴，好似在說著：「**你正在吃什麼？也給我來一口！**」俗話說：「**好東西要和好朋友分享。**」我便剝了一小塊的蛋糕，輕輕地丟給牠們吃。就這樣小魚一口，我也一口，小魚一口，我也一口地吃了起來。要離開花園的日本小姐也無獨有偶地，把冰淇淋或優格什麼的丟給牠們吃。今天的小魚兒們實在太有口福了！

最便捷的電車站

【神楽坂】神樂坂
東京メトロ：東西線
東京Metro：東西線

【牛込神楽坂】牛込神樂坂
都営地下鉄：大江戸線
都營地下鐵：大江戶線

這家咖啡店開在飯田橋車站的旁邊。

1 我坐在川邊的位子吹風。
2 這裡是座綠光森林。

仔細一瞧，成群的鯉魚裡居然還有一隻游得很慢的小烏龜。這隻烏龜讓我感到幾分落寞，就像是成群的灰鴿子裡，卻多了隻落單的黑烏鴉。若是拿人來比喻的話，就像女校裡教體育的男老師，有·些·孤·單！

然後我也看到了有對男女在川邊悠閒地划船。在他們的身後駛來了電車，速度快得和他們成了強烈的對比。但這時居然有兩班電車同時出現！從左邊開來 JR 的「総武線」和右邊開來的「中央線」車速都很快，好比西班牙鬥牛般，勢不可擋！「**大事不妙了，這下好像就要相撞了！**」這視覺上的錯覺把我嚇了一跳。

愛上了大自然的美好

抬頭看到空中的雲緩慢地飄動著；河水靜靜地流淌著；小船在河上悠閒地移動著；電車疾速地奔馳著；遠方橋上的行人安靜地步行著；

3 停放在川邊的小舟饒富禪風。
4 魚兒們都張著大大的嘴巴。
5 眼看兩部電車就要相撞了。

麻雀到處恣意地飛翔著。我默默地看著這一片風景，感受到大自然躍動的那份生命力，連自己也想要站起來活動一下筋骨。能夠來這家有如綠光森林的露天咖啡店，真是太棒了！「讓我們展開雙臂，投向大自然的懷抱吧！」

從下午坐到黃昏，景色怎麼看都不會膩。而夜裡的花園也別有一番風味，可以看得到上班族把酒言歡的畫面，也聞得到烤肉的香味。朦朧的燈光讓花園添加了幾分神祕感，有越夜越美麗的感覺。

總而言之，大自然對於人們來說，是無可取代的瑰寶。透過與大自然之間的對話，能讓人們的焦慮情緒和緩下來，也能好好地放鬆自己的心情。貪心的我，打起了這大自然的主意，想偷帶點什麼東西回家。「好癢！我的腿上怎麼會多了一個包呢？」居然蚊子送給了我一個牠的香吻。

1 迷人的美景不分黑夜或白晝。
2 在這裡可以洗滌一天工作後的疲憊心靈。

MAP 地圖

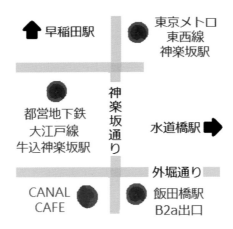

↑ 早稲田駅

● 東京メトロ
東西線
神楽坂駅

● 都営地下鉄
大江戸線
牛込神楽坂駅

神楽坂通り

水道橋駅 ➡

外堀通り

CANAL
CAFE ●

● 飯田橋駅
B2a出口

WEB 網址

神楽坂通り商店会
→ http://www.kagurazaka.in/

CANAL CAFE
→ http://www.canalcafe.jp/

★最道地的實用句★

オリジナルマフィンのドリンクセット
お願いします。
ねが

< o.ri.ji.na.ru.ma.fi.n no do.ri.n.ku.se.t.to o ne.ga.i shi.ma.su >

我要點原味杯子蛋糕加飲料的組合。（600 日圓）

早餐午茶皆宜：
サクラホテル池袋

【池袋】池袋

① JR・各線（西口）
② 東京メトロ：丸の内線・副都心線・有楽町線
JR・各線（西口）

③ 東武東上線
④ 西武池袋線
東武東上線

東京 Metro：丸之內線、副都心線、有樂町線　西武池袋線

最便捷的電車站

離池袋車站西口不遠的地方有一家飯店，它叫做「サクラホテル池袋」（サクラホテル池袋 < sa.ku.ra.ho.te.ru.i.ke.bu.ku.ro >；SAKURA HOTEL ＝櫻花酒店池袋）。那家飯店的室外咖啡座很有情趣，也能感受到外國的風情。在那裡，當喝進一口咖啡時，旁邊的一陣涼風吹過來，通・體・舒・暢！那裡雖也有供餐，也能小酌，但最大的賣點我認為是他們的──活力早餐。

隨你喝，隨你吃

在台灣，上早餐店已成大多數人的生活習慣。在店裡悠閒地看報吃早餐，迎接美好的一天；在日本，因為沒有早餐店及路邊攤的

看得到各國國名漢字的咖啡店。

1 櫃檯旁是自助式的飲料吧。
2 這裡也有賣酒。
3 咖啡店的入口在飯店的對面。

文化，若不是在家吃媽媽所準備好的早餐，就只能到便利商店、速食店或咖啡館等地方覓食。一進去就會看到門口有提供愛心傘，那邊貼著這樣的標語：

レンタル専用
專門借人使用的

ご自分の傘は傘袋に入れてお持ちください。
請把您自己的雨傘裝進傘套中並隨身攜帶。

店裡面的早餐採自助式，不僅是住宿的客人，連一般的客人也能來。只要 350 日圓，即可享用吐司（有提供 3 種果醬與乳瑪琳）、湯品、咖啡與茶品等。用餐時段從早上 5 點到上午 11 點，整整有 6 個小時可以不停地吃與喝！「圍起我的圍兜兜，いただきま～す。」

早起的鳥兒有蟲吃

日本非常流行「朝活」（朝活<a.sa.ka.tsu>；「朝活動」<a.sa.ka.tsu.do.o> 的簡稱，亦為 2008 年的流行語），就是指利用早上上班前的時間，學一點東西或從事與自己興趣有關的活動。所謂「早起的鳥兒有蟲吃」，店裡的客人都各忙各的，看書的看書、打電腦的打電腦，感覺大家都很有收穫。

漢字寫錯了嗎

我倒是沒有什麼興趣，所以只好在店裡探頭探腦地隨意亂逛。不過，我可有個大發現——我看

「台灣」的旁邊是「德國」。

到了各國的名字，而「台湾」是放在滿中間的位置！真是高興。但台灣旁邊的「独逸」是哪裡呢？其實即是「德國」！看到其他國家名的漢字，也覺得有點怪怪的，所以特別查了一下字典，發現日本居然與我們的用字不太一樣。這個早上我也很有收穫！

中文意思	日文漢字	片假名	羅馬拼音
德國	独逸	ドイツ	do.i.tsu
新加坡	新嘉坡	シンガポール	shi.n.ga.po.o.ru
義大利	伊太利	イタリア	i.ta.ri.a
菲律賓	比律賓	フィリピン	fi.ri.pi.n
祕魯	秘露	ペルー	pe.ru.u
芬蘭	芬蘭土	フィンランド	fi.n.ra.n.do
俄國	露西亜	ロシア	ro.shi.a

地圖

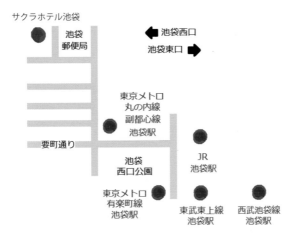

WEB

網址

サクラホテル池袋｜日本語
→ http://www.sakura-cafe.asia/ikebukuro/index.php

サクラホテル池袋｜中文
→ http://www.sakura-hotel.co.jp/cn/ikebukuro

★最道地的實用句★【想要知道店內是否可以拍照時】

ここで写真を撮ってもいいですか？

< ko.ko de sha.shi.n o to.t.te mo i.i de.su ka >

這裡可以拍照嗎？

這家是開在巷弄中的咖啡店。

3-3 發現懷舊骨董：皇琲亭

上次和日本朋友一起去了一家叫做「皇琲亭」（皇琲亭＜ko.o.hi.i.te.e＞；皇啡亭）的古典風咖啡店，它位於池袋車站旁鬧中取靜的巷弄中。每次經過都沒有特意想停下腳步，託日本朋友的福，這回才有機會進去消費。每次到新地方去玩，我都會興奮得不得了。「**我的小心臟啊，你別再撲通撲通地跳了！**」

祕藏巷弄中的咖啡店

一走進去，就會被店內昏暗的黃光及木製的桌椅深深吸引。在吧檯旁的櫥窗上，也展示著各種圖案的咖啡杯，就像是一件件的藝

最便捷的電車站

【池袋】池袋

①JR：各線（東口）

JR：各線（東口）

②東京メトロ：丸の内線・副都心線・有楽町線

東京メトロ：丸の内線・副都心線・有楽町線

東京 Metro：丸之內線、副都心線、有樂町線

③東武東上線

東武東上線

④西武池袋線

西武池袋線

西武池袋線

術品一樣，數量多達 100 多款。而店裡的花瓶及桌上放糖的罐子什麼的，也給人一種富麗堂皇、高格調的感覺。店內不乏來 K 書的學生與討論公事的上班族。

來到這裡，我點了一杯熱咖啡（760 日圓）及「いちじくのタルト」（< i.chi.ji.ku no ta.ru.to >；無花果塔，540 日圓）。以前吃過的無花果，是一條一條像蜜餞般的零嘴；今天吃到的這個無花果，一粒一粒的口感很特別，味道也酸酸甜甜的，還滿好吃的。還有，

1 吧檯後方有很多不同圖案的咖啡杯。
2 無花果蛋糕很稀奇。
3 我的咖啡又香又醇。

「ガトーショコラ」（< ga.to.o.sho.ko.ra >；巧克力蛋糕，510 日圓）
與「チーズケーキ」（< chi.i.zu.ke.e.ki >；起司蛋糕，510 日圓），
也很吸睛。

接著起身想去上個洗手間。在通往洗手間的路上，遇見了兇猛的「兩隻老虎」。仔細一看，是・假・的！馬上對著那兩隻老虎母子說：「**這樣嚇客人不對喔！**」更驚人的不只這樣，推開了洗手間的門，好戲在後頭。

來自巴黎的瑰寶

洗手間的洗手檯，是 1910 年來自巴黎的骨董化妝檯。雖然這個化妝檯之後有經過稍稍的加工，但仍然擋不住那復古的貴族氣息。兩旁的小抽屜很別緻，金色的水龍頭也很特別。

之後，我又到訪了這家店，興奮地跟店員說：「**上次跟朋友來喝咖啡，在你們的洗手間居然發現了年代久遠的骨董，讓我印象深刻。**」店員聽了後居然帶我參觀了女洗手間的化妝檯，在設計上比男洗手間的更講究了，真是意外的驚喜！

1 看到老虎母子，想來首《兩隻老虎》。
2 這是 1910 年來自巴黎的骨董化妝檯。
3 桌上的公告說，點第二杯可享 300 日圓的優惠。

　　回頭想想，整個店內的高雅裝潢、復古氣氛，再加上在洗手間裡的精心布置……點點連成線、線線結成面，一氣呵成！看得出這家咖啡店的經營者所擁有的巧思與美感。下次當你去某家店喝咖啡時，別忘了找找老闆藏在店裡、想要傳遞給客人的訊息！

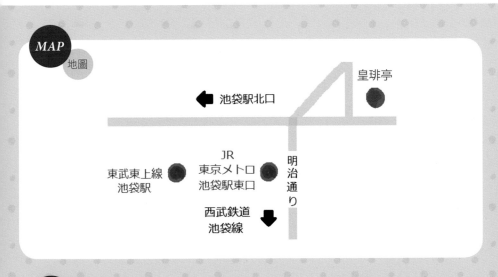

MAP 地圖

皇琲亭

← 池袋駅北口

JR
東京メトロ
池袋駅東口

明治通り

東武東上線
池袋駅

西武鉄道
池袋線

WEB 網址

皇琲亭

→ http://tabelog.com/tokyo/A1305/A130501/13003947/

★最道地的實用句★【想與店員確認可否抽菸時】

ここでタバコを吸_すって（も）いいですか？

< ko.ko de ta.ba.ko o su.t.te (mo) i.i de.su ka >

這裡可以抽菸嗎？

時尚閱讀咖啡：
Brooklyn Parlor、
STORY STORY

　　在人生的交叉路口，每個人總會有徬徨失措的時候。與其求神問卜，倒不如逛逛書店。看了幾本書之後，或許疑難雜症便能找到解決的方法。而沒有耐心的人有時只看書名，也能獲得一些啟示。那天，心情低落的我，踩著沉重的步伐進到了某家書店裡……。

　　我：明天要去辦簽證了，很擔心會辦不下來。

這家「Brooklyn Parlor」時尚閱讀咖啡店座無虛席。

■ 書名：心配事の9割は起こらない

　　　　（你所擔心的事，9成不會發生）

　我：知道了！船到橋頭自然直吧！不知道是不是煩惱這件事，

　鼻頭上冒出了一個無敵大的痘痘。

■ 書名：気にしなければ、ラクになる

　　　　（若不在意，就會輕鬆）

　我：知道了！我會當作沒看見的。除了痘痘外，最近越來越搞

　不懂自己，心情完全不受控制。

■ 書名：犬の気持ち、通訳します

　　　　（狗狗的心情，我為您翻譯）

　我：什麼跟什麼？我是「人」！請幫我翻譯「人」的心情，好嗎？

　老實說，現在我想哭但是哭不出來。

這裡是「STORY STORY」的門口。

■ 書名：今日は泣いて、明日は笑いなさい

（你一定要今天哭，明天笑）

我：好的！這幾天受到一連串的打擊，覺得好挫折。

■ 書名：思い通りにいかないから人生は面白い

（因為不如意，人生才有趣）

我：你說得對，人生要面對各種挑戰才好玩吧！相信明天會更好。

■ 書名：美しい朝で人生を変える

（美麗的早晨，會改變人生）

我：但我早上總愛賴床，凡事也缺乏耐心，難道我真的沒救了嗎？

■ 書名：あなたの感じることは絶対ただしい

（你的感覺準沒錯）

我：不會吧！別開玩笑了。我是很認真地在問你。

■ 書名：あなたは、かけがえのない存在なのだから

（因為你是無法取代的）

我：這樣說我就明白了。每個人都有他的價值，而我應該也有我自己的價值吧！以後我都要這樣正面思考。

■ 書名：なぜ生きる

（為何要活著）

我：你問我？我才要問你呢？這麼有哲學的問題，讓我想一想。……我覺得活著就是要立定志向，好好充實自己的人生。

■ 書名：大好きなことをやって生きよう！

（做自己最喜歡的事活下去吧！）

我：你説得對！

■ 書名：男は一生、好きなことをやれ！

（男人一生都做喜歡的事吧！）

我：我以後也要為自己而活，追求幸福，享受人生。

■ 書名：幸せの女神は勇者に味方する

（幸福的女神會站在勇者的一方）

我：我會鼓起勇氣走下去的，感謝這麼多本書指引了我人生的方向。這時腳站得很疫，想來杯咖啡，休息一下。有能一邊看書，一邊喝咖啡，滿足我 2 種願望的咖啡店嗎？

1 店招牌就在路旁，很好找。
2 大家也可以從百貨公司裡穿過去。
3 在門口由服務生帶位入座。

這裡的燈光很美。

▌ Brooklyn Parlor

這家店能讓你和美食、新書、咖啡、音樂、小酒邂逅！我喜歡聽音樂、看雜誌、喝咖啡，那裡正是我的樂園，就開在百貨叢林的街道底下。熙熙攘攘的人在路上行走；悠悠閒閒的我在地下休憩。歡迎各位和我一起光臨這個書香王國──「Brooklyn Parlor」（ブルックリンパーラー < bu.ru. k.ku.ri.n.pa.a.ra.a >）。

據說這個店名源於紐約的布魯克林（Brooklyn）。由於布魯克林不僅自由奔放，

最便捷的電車站

【新宿三丁目】新宿三丁目

① 東京メトロ：副都心線・丸ノ内線（C4 出口）
東京 Metro：副都心線、丸之內線（C4 出口）

② 都営地下鉄：新宿線（C4 出口）
都營地下鐵：新宿線（C4 出口）

也擁有許多新奇的文化，而東京的新宿其氛圍正與布魯克林雷同，所以店家期許在新宿裡也能創造出一個融合音樂、書香、美食等文化元素的園地，便命名為「Brooklyn Parlor」。中文店名該怎麼翻譯好呢？我來雞婆地幫這家餐廳取個好聽的中文名字吧！就叫做「布魯克林的多元空間」，大家覺得怎麼樣呢？

1 除了書以外，也販售著生活雜貨。
2 沙發後方的書架上有 2 隻鳥！
3 好書逛不完。

入口在哪裡呢？

從地下鐵的「新宿三丁目」站出來後，便可在街道上看到那家店綠色的指引招牌。順著箭頭走下樓梯就到了；各位從「マルイ」（丸井＜ma.ru.i＞；O1O1）百貨搭手扶梯到地下一樓也能到！一進去就是候位區，旁邊也有免費贈送的雜誌。

1 站在書櫃前,每本都想拿起來翻翻。
2 我拿了幾本書,也點了一杯冰咖啡。
3 停在牌子上的小鳥,很可惜的是假的。

這家店的內部空間非常寬廣,有很多位置可以選擇,像靠近門口的座位區、玻璃櫥窗旁、廚房旁、中間沙發區、靠牆的沙發區等,坐哪裡都不錯。「注意看!有2隻鳥停在中間沙發區旁的書架上!」若你和我一樣喜歡軟趴趴的沙發,可以主動向店員提出請求!

室內時尚的裝潢

坐定位子、點完冰咖啡（600日圓）,我們去拿書吧!這裡書籍雜誌的種類很多,而且也有賣一些生活雜貨。內部裝潢非常時尚,「你看你看,連安全門都有分男生女生!」其實那是洗手間別出心裁的設計,連把手也很有巧思!除了牆壁上有許多風景照外,燈光擺設及園藝設計等,在在都營造出恬靜閒逸的溫馨。那天放的音樂是一首輕快的英文歌,自己的心情也隨著節奏婆娑起舞。

又飛來一隻小鳥

我拿了幾本書回到沙發區,開始好好放鬆一下。差不多到了晚上6點多,我想起和朋友約了要在附近吃晚餐,便拿著小木夾上別著的帳單,到收銀台去結

帳。「等一下，又有隻小鳥停在牌子上！」這次我不會再上當了，因為那小鳥的腳邊露・餡・了！不是我在說，那價錢的標籤也太明顯了吧！

▌STORY STORY

從剛剛的書店走到新宿車站，也可以發現另一家好店。新宿車站樓上的小田急百貨新宿店，本館 10 樓的「有隣堂」（有隣堂 < yu.u.ri.n.do.o >；有隣堂）書店結合了咖啡餐飲及精美雜貨，開了一個叫做「STORY STORY」的店，是可以看書、休息的好地方。

可能是這家店就開在車站的樓上，交通位置非常便利，每到假日都會高朋滿座。所

最便捷的電車站
【新宿】新宿
① JR・各線（西口）　　　③ 小田急線
JR：各線（西口）　　　　小田急線
② 東京メトロ・丸の内線　④ 京王線・京王新線
東京 Metro：丸之內線　　京王線、京王新線

這家店就在新宿車站的樓上，以地理位置來說極為方便。

以到了現場，大家可以先找好位子，再去櫃檯點東西比較好！套用一句日本的俗諺──「早い者勝ち」（早い者勝ち〈 ha.ya.i.mo.no.ga.chi 〉；先搶先贏＝先下手為強）。在櫃檯旁邊也有白開水供客人取用。

桌上有平板電腦提供客人閱讀電子書。

我上次點了一杯拿鐵（550 日圓）坐在窗邊的位子，因為是位居 10 樓，所以新宿西口圓環的風景盡收眼底。喘了口氣後，便起身去書櫃拿書了。這裡的雜誌、書籍都很齊全，店的最後方還設有兒童閱覽區。而且在書櫃旁的雜貨區裡則賣著許多可愛的小東西，「這是沙發造型的小筷架，非常迷你吧！它一定是被小叮噹的縮小燈照過了。」

從咖啡店裡看得到整個新宿西口。

這家店的 LOGO 裡有一隻貓頭鷹，據說在古希臘是象徵「智慧」的意思，牠的工作，就是專門為當時集智慧、工藝、藝術於一身的

女神——雅典娜到處奔波收集資訊。這隻偉大的貓頭鷹，也可以算是這裡的鎮店之寶吧！因此，在店內可以找到許多「オリジナルグッズ」（< o.ri.ji.na.ru.gu.z.zu >；原創商品＝周邊商品），如錢包、馬克杯、購物袋等。

1 這是沙發造型的小筷架，非常迷你吧！
2 精品區內的小東西都很別緻。

　　比較特別的是，在咖啡廳的桌上放置了平板電腦，不僅是實體書，客人們也可以接觸到電子書，能從四面八方接收新的訊息！在日本，像這樣新型態的書店我想會越來越受歡迎！像星巴克，也有

幾家店是屬於這樣的
閱讀咖啡（請參照最
後方的網址連結）。

「怎麼辦，我書看得
太開心，整個人都黏
在位子上，不想回家
了！排隊等位的朋友
們，真對不起！」

書店的最後方有兒童閱讀區。

Brooklyn Parlor

東京メトロ・都営地下鉄
新宿三丁目駅
C4出口

新宿通り

明治通り

JR新宿駅

Brooklyn
Parlor

東京メトロ
丸の内線
新宿御苑前駅

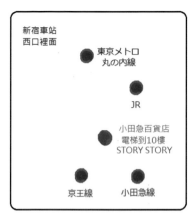

MAP
地圖

▌STORY STORY

```
新宿車站
西口裡面
        ● 東京メトロ
          丸の内線

              ● JR

        小田急百貨店
      ● 電梯到10樓
        STORY STORY

    ●                ●
  京王線            小田急線
```

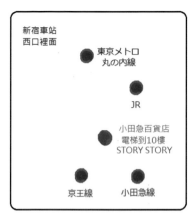

WEB
網址

Brooklyn Parlor
➔ http://www.brooklynparlor.co.jp

有隣堂
➔ http://www.yurindo.co.jp/storeguide/

STORY STORY
➔ http://www.yurindo.co.jp/storystory/

Starbucks｜Book & Café
➔ http://www.starbucks.co.jp/store/concept/bc/

★最道地的實用句★【請求店員】

ソファの席（に）座ってもいいですか？

< so.fa no se.ki (ni) su.wa.t.te mo i.i de.su ka >

我可以坐沙發那裡的位子嗎？

整家店走的是貴族風。

咖啡配大鬆餅：星乃珈琲店

　　這次去的這家叫做「星乃珈琲店」（星乃珈琲店ほし の こーひーてん＜ ho.shi.no.ko.o.hi.i.te.n ＞；星乃咖啡店）的連鎖咖啡店，店內以深咖啡色作為統一的色調，其裝潢高尚、吊燈高雅，杯子上的咖啡壺標誌也設計得很可愛。其他像報章雜誌在店內都有提供，讓人可以悠閒度過午茶時間。連我的台灣朋友也專程慕名而來！

咖啡花茶都推薦

　　他們所用的咖啡豆，
是由國際級的咖啡專家從
世界各地精挑細選出來
的，其好喝的程度自然不
在話下。但除了招牌咖啡
之外，熱茶類的「純大吉
嶺茶」以及花茶類的「野
玫瑰果與木槿」也是店內的推薦。當茶送來之後，還會附上一個沙
漏，方便客人在倒進熱水 3 分鐘後可享用熱茶。

1 店內一片深咖啡色。
2 我喜歡那高尚的裝潢。
3 抬頭可見高雅的吊燈。

大出風頭的甜點

　　通常咖啡店裡的甜點都不會太出鋒頭，但是他們的舒芙蕾鬆餅
的名氣和咖啡不相上下！來這裡不點鬆餅就太可惜了。把鬆餅一塊

1 咖啡杯上有店家的 LOGO。
2 這是和咖啡齊名的舒芙蕾鬆餅。
3 這裡的咖啡豆是從世界各地精挑細選出來的。

塊切開後，沾上那軟綿綿的奶油泥和糖漿，美味無 · 法 · 形 · 容！
「咦，怎麼茶一下就喝光了。」隨即跟店員要點熱水再喝第二杯。

中文名	日文名	羅馬拼音
招牌熱咖啡 （400 日圓）	星乃ブランド _{ほし の}	ho.shi.no.bu.ra.n.do
純大吉嶺茶 （500 日圓）	ピュアダージリン ティー	pyu.a.da.a.ji.ri.n.ti.i
野玫瑰果與木槿 （500 日圓）	ローズヒップ＆ ハイビスカス	ro.o.zu.hi.p.pu ＆ ha.i.bi.su.ka.su
舒芙蕾鬆餅（雙層） （單：550 日圓） （雙：700 日圓）	スフレパンケーキ （ダブル）	su.fu.re.pa.n.ke.e.ki (da.bu.ru)

日式的義大利麵

　　與這家咖啡店的總公司聯絡後發現，他們還經營一家叫做「五右衛門」（五右衛門< go.e.mo.n >；五右衛門）的「スバゲッティー」（< su.ba.ge.t.ti.i >；義大利麵）的餐廳，上次我的朋友也帶我去吃過。那裡的義大利麵種類很多，大都 1000 日圓出頭而已。當天我們在那家餐廳點完麵後，便開始討論日本與台灣的義大利麵。聽了許多日本朋友的感想，好像大家都不約而同地表示日本的麵條比台灣來得硬，而我也有同感。

　　當服務生將義大利麵送到我們各自的餐盤上後，「**圍起我的圍兜兜，いただきま～す。**」我這盤麵裡是有「蝦仁」、「酪梨」、「番

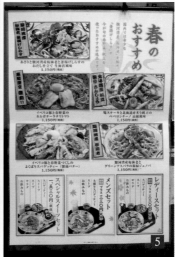

4 「五右衛門」是家義大利麵餐廳。
5 若是春天到訪，可以吃到各式應景的海鮮。

茄」與「起司」的奶油義大利麵。雖然菜單上的麵名都很長，但是只要看得懂裡面的食材就沒問題了！我來破解一下菜單裡的日文：

中文	日文	羅馬拼音	中文	日文	羅馬拼音
蛤蜊	あさり	a.sa.ri	檸檬	レモン	re.mo.n
蝦子	海老 （えび）	e.bi	肉醬	ミート	mi.i.to
蟹肉	カニ	ka.ni	醬汁	ソース	so.o.su
奶油	クリーム	ku.ri.i.mu	半熟蛋	温泉卵 （おんせんたまご）	o.n.se.n. ta.ma.go
番茄	トマト	to.ma.to	蘑菇	きのこ	ki.no.ko
莫札瑞拉起司	モッツァレラ	mo.t.tsa.re.ra	酪梨	アボカド	a.bo.ka.do

　　我剛剛點的那盤義大利麵，好吃到我吸麵吸得無比大聲。坐在我對面的日本朋友吸麵卻沒有我這麼吵，「**太好了，我贏日本人了！**」但日本朋友頻頻說我吸得太誇張了。「**日本人吃麵不都是這**

1 這盤是有「青蔥」、「青辣椒」、「烏魚子」的香辣義大利麵。
2 這盤是有「蝦仁」、「酪梨」、「番茄」與「起司」的奶油義大利麵。

樣嗎？」最後他才點醒我：這盤是「義大利麵」，不是「拉麵」……。
「慘了！看來我得為我那響亮的吸麵聲跟鄰桌道歉了……。」

　　在店裡我也注意到一件很特別的事——平常我們吃義大利麵時不是都會用叉子嗎？但是那裡用的卻是筷子！聽說是因為要讓日本人能感受到麵條的獨創美味，所以才會讓客人使用較習慣的筷子。台灣的朋友們也來嘗嘗看這日式的義大利麵吧！

WEB 網址

星乃珈琲店｜店舖情報（分店資訊）｜東京都
→ http://www.hoshinocoffee.com/shop.html#tokyo

洋麺屋五右衛門｜関東
→ http://www.yomenya-goemon.com/shop/kanto.html

★最道地的實用句★

お湯（を）いただけますか？

< o.yu (o) i.ta.da.ke.ma.su ka >
可以跟您要（點）熱水嗎？

Chapter

4

逗趣！
新奇好玩的主題餐廳

什麼叫做「厲害的餐廳」呢？其定義會因人而異，誠如日文裡的「十人十色」（十人十色 < ju.u.ni.n.to.i.ro >），你問 10 個人，就會有 10 種答案。不過，單從「特色」這方面切入，如果某家餐廳所要彰顯的理念，能夠清楚傳達給客人，並讓客人留下深刻的印象，那就可以稱得上是一家「厲害的餐廳」吧！有些餐廳在裝潢上，成功地融入了水族館的元素；有些餐廳則要客人吃得健康、吃出快活……。

城市海底世界：
DEN AQUAROOM
SHINJUKU

　　大家的興趣多半喜歡看書、聽音樂或旅行等，但我有一個日本朋友卻喜歡養熱帶魚，很與眾不同。比起其他阿里不達的興趣，養魚可以學會去照顧別人、能體會到死亡及分離的不捨，並也會懂得用同理心去關懷他人，所以我覺得是個了不起的興趣，養魚應該也有迷人的地方。

機智問答大挑戰

　　因為日本朋友養魚多年，所以我想知道對方到底對養魚了解多少。頑皮的我去找了資料，出了幾道小問題考考對方。我：「**我準備了幾道題目，要不要來猜猜看**？」日本朋友：「**不用了。**」在我千拜託萬拜託之下，對方終於願意接受這個挑戰。

　　問：養熱帶魚時一般的水溫是⋯⋯？
　　答：24 ～ 26℃。（你答對了！）

最便捷的電車站
【新宿三丁目】新宿三丁目
① 東京メトロ：副都心線・丸ノ內線（A2 出口）
東京 Metro：副都心線・丸之內線（A2 出口）
② 都営地下鉄：新宿線（A2 出口）
都營地下鐵：新宿線（A2 出口）

五光十色的魚群就在餐桌旁。

這些題目對沒養過魚的人來說都很難，不過我朋友答起來卻游刃有餘。「**這些怪問題怎麼都會啊？怎麼辦？該怎麼獎賞好呢？**」隨後，我上網找到了一家在新宿以水族箱為概念的主題餐廳。Let's go！

奇幻的水族館餐廳

　　今晚來到的主題餐廳叫做「DEN AQUAROOM SHINJUKU」，連我的日本朋友都沒聽說過，可見這個地方有多特別。下樓梯到了地下室，彷彿走進了一個魔幻的世界。服務生知道我有訂位後，就把我們帶到某個偌大的水族箱旁，而我立即被五光十色的魚群給震懾住了。第一次有機會這麼近距離與魚群一起吃飯，這感覺太特別了。「**連牆上都有魚！**」

　　照日本的習慣，我們先點酒來喝。菜單裡滿滿都是片假名，可累壞我這個外國人。如果要用電子字

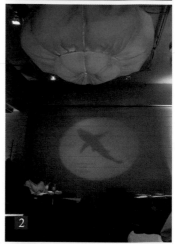

1 店內裝潢佳、氣氛好。
2 連牆上都有魚！
3 菜單上滿是片假名。
4 這盤是「酪梨＋生火腿」的沙拉。
5 這是煙燻鮭魚的沙拉。

典查完所有的單字，可能連晚飯都不用吃了。我看到菜單上有個叫做「Sea Breeze」的酒（調酒皆 750 日圓起），用日文解釋寫著：這是杯可以感受到大海，並以輕柔清爽的海風為概念所調製而成的雞尾酒。

「有這麼神奇嗎？請給我來一杯！」其實喝起來像是水果酒。我好奇問了一下女服務生是怎麼調的，據說裡面有「伏特加」、「蔓越莓汁」、「葡萄柚汁」等，我馬上拿小本子記下來。

連料理都驚豔連連

一般裝潢佳、氣氛好的餐廳，吃的東西並非那麼理想。不過今晚的餐廳出人意表地，各方面都有相當高的水準。上每道菜時都會換新盤，以免同一盤子裝進不同的菜色，讓味道發生混搭。說到菜色，如前菜的「酪梨＋鮮蝦」的沙拉（850 日圓）、煙燻鮭魚（780日圓）等，也都有漂亮的擺盤，非常加分。**「圍起我的圍兜兜，い****ただきま～す。」**只不過我邊吃煙燻鮭魚，邊看著水族箱裡的魚，心裡一陣五味雜陳。

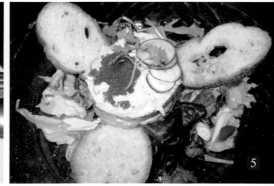

另外，炭燒沙朗牛排及紅葡萄酒燉豬肉（各約 1500 ～ 2000 日圓）好吃的程度也不在話下，因此我要特別介紹紅葡萄酒燉豬肉這份極品。我們那時請女服務生幫我們把這道菜分成 2 份。這種服務有如伺候國王般的禮遇：「**親愛的國王陛下，要為您送上餐點了。**」才吃了第一口豬肉，全身酥麻。「**這肉質也太軟了吧！連戴假牙的老奶奶也咬得動！**」紅酒燉得很入味，香氣也十分逼人。

1 炭燒沙朗牛排好吃得不得了。
2 紅葡萄酒燉豬肉也值得推薦。

吃飯吃到一半，開始聊起彼此不喜歡吃的東西。不吃炸的、油的、辣的、醃的我兩手一攤：「**我也不知道為什麼，這個世界裡我的敵人會這麼多。**」這時才想起我的日本朋友不吃奇異果及生蝦，連忙為剛剛沙拉中的生蝦道歉。「**沒關係啦！如果點菜時我們兩個人都這麼客氣，恐怕沒有東西可以吃了！**」我的朋友也很幽默。

讓人猜不透的調酒名

喝完水果酒後我酒興正濃，又點了一杯難以捉摸的調酒──「Beauty Spot」，上面寫著這是杯以「性感的黑痣」為概念的調

酒。我摸著自己「不性感的黑痣」，好奇地又問了女服務生關於這個酒的成分。我感覺我一直在找她的麻煩，「不好意思，我很愛問東問西的。」

上酒時也會附上讓客人裝檸檬的碟子。

酒單上的各種日文調酒名，幫大家翻譯一下：

中文名	英文名	日文名	羅馬拼音
海風	Sea Breeze	シーブリーズ	shi.i.bu.ri.i.zu
美人痣	Beauty Spot	ビューティースポット	byu.u.ti.i.su.po.t.to
馬丁尼	Martini	マティーニ	ma.ti.i.ni
藍月	Blue Moon	ブルームーン	bu.ru.u.mu.u.n
內格羅尼	Negroni	ネグローニ	ne.gu.ro.o.ni
瑪格麗特	Margarita	マルガリータ	ma.ru.ga.ri.i.ta

在旁邊的日本朋友也熱心地用手機幫我查了起來。這個時候我才發現這些酒名不是這家店亂取的，而都是大家耳熟能詳的，所以菜單上才沒有特別標注成分。「**我好土！**」除了幫我查酒的資料外，我的日本朋友在用餐的時候總是會幫忙分菜什麼的，很會照顧別人，讓我覺得養魚真的是個能陶冶性情的好興趣。我也開始想養熱帶魚了。

我一抬頭看到水族箱內大大小小的魚兒，都在日本朋友的頭上游來游去時，又驚又喜。「魚兒」和「人類」雖活在不同的世界，但彼此的距離卻近得只有一線之間。嘆息這番無奈之際，突然店內放起了生日快樂歌，女服務生把蛋糕送到其他客人的桌前，為今天的壽星慶生。「**今天的壽星很幸福，因為美女服務生、不認識的其他客人、水族箱的魚都會獻上祝福：生日快樂！**」

喝了這麼多調酒，我突然想去上廁所。女服務生請我到地下二樓去找一個「M」的房間。那個「M」應該是「MEN」的意思吧！女廁當然就是「W」（WOMEN）了。這和一般用藍色及紅色的人形標誌區別性別的方式

有所不同。廁所裡藍光閃閃，宛如是一個大水族箱。喝得醉茫茫、輕飄飄的我，也學魚一樣在廁所裡游了起來。游到洗手檯一瞧，裡面裝滿著許多白色小石，別具巧思。

畫下最後的休止符

該是吃甜點的時候了！最後的甜點——提拉米蘇（864日圓）也是一絕。這充滿視覺享受的提拉米蘇，最上層是冰淇淋；中間插有巧克力脆條；最下層是帶酒的蛋糕底，美味幸福百分百，最後為這場料理秀畫下完美的休止符。

1 用餐時，小魚兒們是最佳的伴侶。
2 洗手間的門上寫著「M」。
3 洗手間也很像水族箱。
4 今晚的甜點是提拉米蘇。

離開店之後摸摸口袋，掏出了昨天晚上從美食網站上列印下來的餐廳地圖。一邊看著地圖，一邊回憶著今晚既好吃又好玩的餐廳。「**等一下，地圖上面的折價券我剛剛忘記用了！唉～徹底被自己打敗了。**」

東京メトロ
都営地下鉄
新宿三丁目駅
A2出口

新宿通り

 明
治
通
り

JR新宿駅

DEN AQUAROOM
SHINJUKU

 東京メトロ
丸の内線
新宿御苑前駅

DEN AQUAROOM SHINJUKU
→ http://tabelog.com/tokyo/A1304/A130401/13004303/

DEN AQUAROOM SHINJUKU｜繁體中文
→ https://gurunavi.com/zh-hant/g045629/rst/

★最道地的實用句★【剛進店內告知已訂位時】

しち じ　　　　 よ やく
7時に予約して(い)る＿＿＿ですけど……。

< shi.chi.ji ni yo.ya.ku.shi.te.(i).ru＿＿＿de.su ke.do >

我已經訂好了7點的位子，敝姓 ＿＿＿。

我在表参道的天橋上。

新穎文具咖啡：
文房具カフェ

Chapter 4-2

最便捷的電車站

【表参道】表参道

東京メトロ：銀座線・千代田線・半藏門線（A2 出口）

東京 Metro：銀座線・千代田線・半藏門線（A2 出口）

今天我來到了聚集各式知名服裝品牌、引領時尚的「表参道」（表参道 < o.mo.te.sa.n.do.o >；表参道）。因為涉谷、原宿、表参道這三地都離得很近，建議喜歡逛街的人可以一起逛。要是走累了，也可以搭「神宮の杜ルート」（神宮の杜ルート < ji.n.gu.u.no.mo.ri.ru.u.to >；藍色車體的神宮外苑線）的「ハチ公バス」（ハチ公バス < ha.chi.ko.o.ba.su >；忠狗巴士）。

113

別出心裁的咖啡店

表參道的附近有充滿異國風情的露天咖啡廳，以及新潮摩登的建築物；巷弄間有許多賣生活雜貨的店，還有一家結合文具的複合式咖啡店！這家文具咖啡店叫做「文房具カフェ」（文房具カフェ < bu.n.bo.o.gu.ka.fe >；文具咖啡），在網頁上的文宣寫得很不錯，大概的中文意思是：

1. 摩登建築物一棟接著一棟。
2. 這棟蓋得很藝術。
3. 賣生活雜貨的店家也不少。
4. 忠狗巴士搭 1 次 100 日圓。
5. 店家旁邊有間便利商店。

「人若擁有了一枝造型亮麗、重量適中的筆，會讓人想要奮筆疾書一番。一打開行事曆寫上自己的計畫時，會感覺到每天都能活得很踏實。文具裡也有著那份力量。」

最後極為重要的一句話是：「人と文房具が出会うことで、新しい何かが生まれるかもしれません。」（人因與文具相遇，說不定會迸出什麼新的火花。）說．得．沒．錯！我們快進去店裡看看吧！

1 這裡也有供餐。
2 這家店已經 2 歲了。
3 蠟筆之類的都可以試寫。

五花八門的各式文具

地下室的空間還算大，有兩大座位區。從入口到店的中間位置，都陳列擺放了許多有創意的文具，如帆布型站立筆袋、兔子筆架、汽車蠟筆、木頭卡通筆、DIY 拼板、大鹿迴紋針、鯨魚釘書機等，看得我眼花撩亂。

這裡有本很酷的筆記本，光是看它的封面，你能猜得出內頁裡的玄機嗎？這本是專為習慣寫歪的人所設計的筆記本喔！就算是喜歡斜抄筆記的人，一樣可以斜得很工整，歪得很有秩序。「這是本很另類的筆記本吧！」

店內的暢銷排行榜

「請問到底哪些文具賣得最好？」是我當時納悶的問題。店員很親切地一一幫我介紹店內目前暢銷的文具，她也告訴我可以參考黑板上的人氣排行榜。「不好意思，我剛剛沒看到這個排行榜。我是不是第 2000 位問了同樣問題的客人啊？」排行榜的前 5 名是：

■ 第 5 名：プラマン（< pu.ra.ma.n >；塑膠墨水筆）（540 日圓）
■ 第 4 名：ひげふせん（< hi.ge.fu.se.n >；翹鬍子便利貼）（410 日圓）

■ 第3名：右手クリップ（< mi.gi.te.ku.ri.p.pu >；右手迴紋針）
（410 日圓）
■ 第2名：豆腐ふせん（< to.o.fu.fu.se.n >；豆腐盒便利貼）
（小：529 日圓；大：568 日圓）
■ 咚～咚～咚～第1名：大人の鉛筆（< o.to.na no e.n.pi.tsu >；
大人的鉛筆），請登上冠軍寶座。（約 150 日圓上下）

　　座位區旁有一個大書櫃，上面夾著某張字條：「こちらの書籍
は売り物ではございません」（這裡的書籍不是商品→是非賣品），
所以可以隨意拿取閱讀。在日本一般的書店裡，也常看到專門介紹

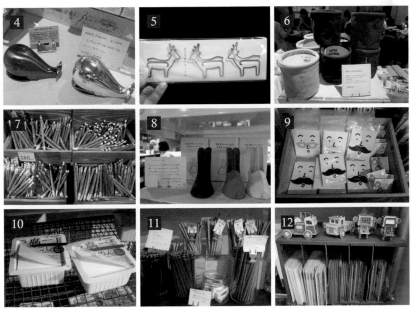

4 鯨魚釘書機好流線！　　　　　　5 買了這大鹿迴紋針會捨不得用吧！　6 這是帆布型的站立式筆袋。
7 這些是木頭卡通筆。　　　　　　8 兔子筆架很逗趣。　　　　　　　　9 翹鬍子便利貼很討喜。
10 這是熱銷第二名的「豆腐盒便利貼」。 11 這是熱銷冠軍的「大人的鉛筆」。 12 DIY 拼板教人也想動手拼拼看。

文具的雜誌。而旁邊的桌子上也提供色筆等讓客人們塗鴉！今天逛了這麼多的文具精品，體驗了新鮮的刺激，果然我的腦袋變得靈活多了。

「**快借我一枝筆，我得趁現在文思泉湧，趕快把今天的遊記寫下來！**」

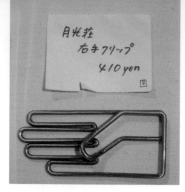

這是熱銷第三名的「右手迴紋針」

讓你馬上能點杯咖啡的對照表：

口味	日文名	羅馬拼音
綜合咖啡	ブレンド	bu.re.n.do
冰咖啡	アイス珈琲 （アイスコーヒー）	a.i.su.ko.o.hi.i
濃縮咖啡	エスプレッソ	e.su.pu.re.s.so
拿鐵	カフェラテ	ka.fe.ra.te
摩卡	カフェモカ	ka.fe.mo.ka
豆奶拿鐵	ソイラテ	so.i.ra.te
卡布奇諾	カプチーノ	ka.pu.chi.i.no

※ 該店咖啡的價位：309 日圓起。

1 每種文具都想把玩一下。
2 這汽車蠟筆是從紐約來的。
3 塗鴉區可以讓大家盡情作畫。

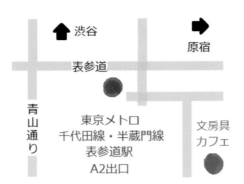

MAP 地圖

↑渋谷　　　　➡原宿

表参道

青山通り

東京メトロ
千代田線・半蔵門線
表参道駅
A2出口

文房具
カフェ

WEB 網址

渋谷区｜渋谷区コミュニティバス「ハチ公バス」
→ http://www.fujikyu.co.jp/fujiexpress/hachikobus/index.html

文房具カフェ
→ http://www.bun-cafe.com/

★最道地的實用句★【想跟鄰桌借張椅子時】

このイス、お借りしてもいいですか？

< ko.no i.su o ka.ri shi.te mo i.i de.su ka >

我可以跟您借一下這張椅子嗎？

巨無霸新炒麵：
ジャポネ

最便捷的電車站

① JR 各線：有楽町駅（京橋口出口）

JR 各線：有楽町站（京橋口出口）

② 東京メトロ：有楽町線有楽町駅（D9）

銀座一丁目駅（1 出口）

東京 Metro：有樂町線有樂町站（D9）

銀座一丁目站（1 出口）

　　上次看美食雜誌，上面說在銀座這個名牌百貨林立的購物戰區，在綜合商場「銀座インズ」（銀座インズ〈gi.n.za.i.n.zu〉；GINZA INZ）裡有一家以巨無霸義大利麵及咖哩飯出名的店——「ジャポネ」（〈ja.po.ne〉；「Japan」的義大利文），雜誌照片拍得很好吃，看得讓我食指都雀躍了

ジャリコ
¥600

しょう油味
（肉、えび、トマト、しその葉、
こまつ菜、玉ねぎ、生しいたけ入り）

1 這是人氣第一名，內含肉、番茄、紫蘇葉、小松菜、洋蔥、香菇等，是用醬油調味的。
2 這個是店的招牌。
3 若想吃沙拉的話，你可以另外加點。

スパゲッティ
ジャポネ

和風サラダ　¥150
生野菜サラダ　¥100
ポテトサラダ　¥100

起來，這就是傳說中的「食指大動」嗎？而且它的店齡跟我一樣大！為了要去見見這位「同梯」，找了一天過去吃麵。

　　雖然過了用餐時間，但仍是要沿著牆壁排很長的隊，不禁非常羨慕坐在吧檯上正在吃麵的客人。「**這14個黃金席競爭激烈！**」據說平日下午3點到6點比較有空位，而例假日是不營業的。這家就是傳說中堪稱「B級グルメ」（B級グルメ < bi.i.kyu.u.gu.ru.me >；便宜又親民也好吃）的好店！

終於輪到我了

　　這家店掛有義大利麵的照片，所以大概會知道麵長得什麼樣子，且大小、種類、價錢也都一目瞭然，差不多都是5、600日圓。麵可分「日式」、「中式」及「西式」共12種，其大小如下：

	レギュラー・並 < re.gyu.ra.a > < na.mi >	ジャンボ・大盛 < ja.n.bo > < o.o.mo.ri >	横綱 < yo.ko.zu.na >
日文			
重量	350g	550g	750g
中文	一般	大份	巨無霸

　　巨無霸的量比兩盤一般大小的還要多，可能炒這個麵的師傅，都會手臂大爆青筋吧！而這麼大盤的麵非常適合已經餓了一天的人來吃，想多補充一點青菜的人，也有「日式沙拉」、「生菜沙拉」及「馬鈴薯沙拉」可以加點。

1 這是店長送給我的宣傳單。
2 滿滿的人正在用餐中；候位客人沿著牆壁排隊中。

沙拉一覽表：

中文名	日文名	羅馬拼音
日式沙拉 （150日圓）	和風サラダ <small>わ ふう</small>	wa.fu.u.sa.ra.da
生菜沙拉 （100日圓）	生野菜サラダ <small>なま や さい</small>	na.ma.ya.sa.i.sa.ra.da
馬鈴薯沙拉 （100日圓）	ポテトサラダ	po.te.to.sa.ra.da

這到底是什麼麵

　　我點的麵——「ジャリコ」（＜ ja.ri.ko ＞）來了，據說這種是最受歡迎的。「ジャリコ」這名字應該是「ジャパン（日本）＋バジリコ（叫做羅勒的九層塔）」所組成的吧！麵裡面有蝦仁、紫蘇葉（常放在生魚片旁的那個東西）、番茄、香菇、洋蔥、碎鮪魚肉等，相當符合大眾的口味。

光看外表我很想問這到底是中式炒麵？還是義大利麵？也不想這麼多了，吃就對了。「**圍起我的圍兜兜，いただきま～す。**」吃了一、兩口後，我頓時失去語言能力，嘴巴笨拙了起來。「**這個……啊……那個……喔……**」實在太可口了。尤其是在台灣很少吃到的「**紫蘇**」，其味道很獨特，不知道該怎麼形容它的特別。

另外，桌上還有店內的菜單、起司粉、辣椒醬、鹽巴等讓客人自行取用。吃完我這才恍然大悟，這裡說是賣義大利麵的店，但

3 桌上的調味料任君取用。
4 排了幾分鐘後，就快要輪到我了。
5 這是我點的炒麵，屬於一般的大小。

是以中式炒麵的火候來烹調，可以說是日本人改良後的義大利麵吧！

舉手之勞的大人風範

有些用完餐的客人，他們會把盤子放在櫃檯上，方便店家收拾，並且還會拿起抹布，將桌子擦拭乾淨，方便下一位客人。「**大家人都好好！**」從這個舉動中也讓我想起，之前在咖啡店裡看到有客人離去前，也會拿店內抹布把桌子擦好後才走。雖然這位客人不認識下一位客人，但卻有這樣的善舉，這印證了我曾聽過的一句好話：「**所謂的教養，是要讓別人舒服。**」

1 吃完後可以幫店員放在櫃檯上。
2 週一到週六都有營業，而例假日休息！
3 內含豬肉、小松菜、洋蔥、香菇等，是用醬油調味的。
4 內含蝦仁、小松菜、洋蔥、香菇等，是用番茄醬調味的。
5 內含明太子、海苔、紫蘇葉、小松菜、洋蔥、香菇等，是用鹽巴調味的。

我深深感受到教養是一種體諒別人的表現，我們都應該不要讓別人感到不舒服。聽說以前有個人要從飯店退房前，他都會把床鋪整理一下，盡量把房間恢復成進來時的模樣，讓打掃阿姨方便作業。也許客人與阿姨永遠都不會見面，而客人這樣做也不會得到什

麼好處，但這種教養在看不見的地方更顯得尊貴，作為日後我砥礪自己品格的標竿。

請讓我做美食報導

　　我吃完麵後，覺得一定要把這家店介紹給我親愛的同胞們，所以想去與店家交涉，是否可以讓我在書中刊登他們的照片。只不過，這川流不息的吃麵人潮，讓我開不了口，深怕打擾了他們的工作。這時我的餘光發現有名員工端著麵朝後門走去，好像是要去休息的樣子。「**我找到救星了！**」我打算要偷偷地跟蹤他。

　　但說時遲，那時快，當我一出後門他就一溜煙地消失了。因此我決定在後門埋伏，他應該不久就會回來吧！果然不出我所料，吃完飯的店員回來了，我馬上衝上前問他有關刊登照片的事。因為這件事他不能作主，所以請店長出來與我見面。店長知道了來龍去脈，大方地答應了我的請求，並和我要了一張名片後，送給我一張店裡的宣傳單，最後鼓勵我一定要寫出一本好書！「**店長，請接受小弟的叩拜，謝謝你的大恩大德！**」

ジャポネ ³
¥500
しょう油味
こまつ菜、玉ねぎ、
生しいたけ入り)

ナポリタン ⁴
¥500
ケチャップ味
(えび、こまつ菜、玉ねぎ、
生しいたけ入り)

明太子 ⁵
¥550
しお味
(明太子、のり、しその葉、こまつ菜、
玉ねぎ、生しいたけ入り)

MAP 地圖

ジャポネ

↑ 東京駅

銀座
インズ3

東京メトロ
有楽町線
銀座一丁目駅

 東京
交通会館

銀座
インズ2

外
堀
通
り

JR
東京メトロ
有楽町駅

銀座
インズ1

銀座駅 ↓

WEB 網址

銀座インズ
→ http://www.ginza-inz.co.jp/

ジャポネ
→ http://tabelog.com/tokyo/A1301/A130101/13002503/

★最道地的實用句★【若要加點沙拉時】

ポテトサラダもお願いします。

< po.te.to.sa.ra.da mo o ne.ga.i shi.ma.su >

麻煩您也給我馬鈴薯沙拉。

（＝我還要一份馬鈴薯沙拉。）

4-4 養生自然飲食： 結わえる、元気亭

最便捷的電車站

【蔵前】蔵前

都営地下鉄：浅草線（A2 または A4 出口）

大江戸線（A7 出口）

都營地下鐵：淺草線（A2 或 A4 出口）

大江戶線（A7 出口）

▌結わえる

　　我找到一家既能吃飯，又能喝酒，還可以買東西的餐廳！大家會有點納悶，那裡到底是什麼地方吧！那家店開在「蔵前」（蔵前 < ku.ra.ma.e >；藏前，位於淺草附近），標榜的是「白天可以吃午飯、晚上可以喝酒、同時又可以購物」，並訴求「日本の伝統的

這是「結わえる」的全餐。

生活文化と現代を結わえる」（把現代與日本的傳統生活文化相連），因此就以動詞「結わえる」（結わえる < yu.wa.e.ru >；綁＝繫）作為店名。

回溯過去，拯救未來

因為現代社會充斥許多問題，如肥胖過重、地方產業沒落、食品安全等，使得人心惶惶。和50年前相比，飲食習慣大有改變，飯量少了一半，而肉量卻多了5倍。其他像調味料也並非是傳統的製作方式，大量使用人工的添加物來降低成本等，諸多原因造成許多人罹患健康方面的慢性疾病。

這家店認為，過去幾乎都不存在的這些社會問題，也許可以從好幾百年前流傳下來的日本傳統生活文化裡找到解決的線索。把日本傳統生活文化

1 這家餐廳的大門口很簡單低調。
2 一進店內就能看到販賣區。
3 到了晚上，這裡就變成喝酒的地方了。
4 在店內到處可見骨董。
5 架上陳列著多種健康食材。
6 這些都是江戶時代的飯碗。

加上現代的優點，並融入現代人的感覺，應該可以料理出讓人吃得開心又美味的食物。「這家店到底有多大的本事呢？」快跟我去瞧瞧！

健康食品真不少

　　一進到店裡，就看到許多陳列了的昆布、玄米、調味料等食材，據說都是其公司或合作的農家所栽培的無農藥青菜，現場也有很多教大家怎麼養生的書籍。穿過販賣區，店裡餐廳區的門口展示著江戶時代的餐碗，非常復古。另外，店家也提供木板，讓大家先去占位子。「往裡面一看，附近的上班族好像都到這兒報到了！」

要用餐者請先拿木板占位子。

木札を持って先に席をお取り下さい。

請您先拿著木板去取位。

小菜任意選、自由配

　　這裡完全是自助式，所以占完位子後我就去排隊選菜。先拿一杯免費的冰茶或熱茶吧！接著要介紹今天午餐的主角——「玄米

ごはん」（玄米ごはん＜ ge.n.ma.i.go.
ha.n ＞；玄米飯）。店家在「玄米飯」
裡加入了紅豆與自然的鹽，經由壓力
鍋煮好後，在保溫的狀態下還悶了 3
到 4 天，所以飯很 Q 軟，極富香甜味。

怎麼會有這麼討喜的裝飾品？

　　這裡的套餐大致分為 2 種：一種組合是「玄米飯＋大碗湯品＋
3 種配菜」（850 日圓）；另一種組合是「玄米飯＋中碗湯品＋ 1
種主菜＋ 3 種配菜」（1050 日圓）。難得來一趟，我選了豪華型的
套餐。你會在取菜時看到這些日文：

冰茶或熱茶也都是免費自取。

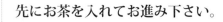

先にお茶を入れてお進み下さい。

先倒杯茶再往前走。

（お茶は結わえる茶です）

（這茶是我們的店茶）

首先請客人拿 1 份醃菜。

まずはお漬物 1 つお取り下さい。

首先請您拿 1 份醃菜。

然後可以拿 2 份配菜。

おばんざい 2 品お取り下さい。

請您拿 2 樣配菜。

※ 3 品目より ¥170 で追加頂けます。

　　從第 3 樣起，每樣加收 170 日圓。

1 煮南瓜也是不錯的選擇。
2 是要吃豆芽，還是要吃白蘿蔔呢？
3 配菜從第三樣起，每樣加收 170 日圓。
4 這是我強力推薦的鹽烤雞肉。
5 湯裡面有豆腐、洋蔥、菇類、油豆腐等好料。

　　我從眾多的主菜中，挑選了用麴（把麥子或白米蒸過，發酵後再晒乾的食品）鹽烤成的雞肉。「**圍起我的圍兜兜，いただきま～す。**」味道果然不負眾望，鹹味恰到好處，吃起來不油也不膩，而其他的培根涼拌小黃瓜等配菜也很清爽。驚訝的是從湯品裡一撈，滿滿都是好料，有豆腐、洋蔥、菇類、油豆腐等，連湯都喝得相當過癮。「**難怪湯碗拿起來，頗有重量！**」

洗手間裡的收穫

　　餐廳區裡的裝潢很古典，但最讓我感到衝突的是洗手間的某個東西。洗手間的牆上貼了一張海報，是教大家怎麼分辨健康的便便。特別將「好便便」的形狀

上個洗手間也很有收穫！

用紅筆圈了起來，並告訴大家食物纖維攝取不足，或吃過多太冷或太甜的東西時，會有什麼樣的「後果」。

健康的便便有三個條件：一、一條綿延到天際。二、呈深黃色。三、不臭反而有香氣。「有香氣？怎麼可能？」我邊看邊搗著嘴巴，深怕笑得太大聲而傳到外面去。這家是提倡健康飲食的餐廳，想必有便便的教學也是無可厚非！

1 你有跟自己的便便真心面對面過嗎？
2 看了步道的導覽圖即一清二楚。

吃完後去逛大街

吃完後依照慣例要去走走，消化一下。「藏前」鄰近「隅田川」（隅田川 < su.mi.da.ga.wa >；隅田川，夏天舉辦煙火大會很有名的那條川），在川邊有步道可以散步，欣賞東京晴空塔與船隻相映的優美風景。在前面我看到了一座叫做「厩橋」（厩橋 < u.ma.ya.ba.shi >；廄橋）的橋。

趁這個機會來個每 · 日 · 一 · 字吧！（請下笛聲配樂，謝謝！）那個日文漢字「厩」譯成中文字則為「廄」，皆是指養馬的地方——馬棚。查了字典，在江戶時代淺草真的有馬棚！不管是日

餐廳鄰近隅田川。

川邊有步道給遊客散步。

文漢字或是我們的國字，都是不常見的字，所以覺得挺新鮮的。

旁邊也設有公用廁所，看起來像個街頭的公共藝術。我即拿起相機幫這貌似兩位先生及兩位小姐的公用廁所，拍了三連拍。另外，其實順著「江戶通り」（江戶通り< e.do.do.o.ri >；江戶大街）往左走，還可以接到「国際通り」（国際通り< ko.ku.sa.i.do.o.ri >；國際大街），一路上有很多賣玩具的批發商、文具或家具精品店。走了一會兒，在路上膝蓋微彎、半蹲了起來：「好痛！我的肚子終於有反應了……」

1 這公眾廁所像是公共藝術。
2 抬頭看見了文具批發商的招牌。
3 很想把新幹線的玩具模型買回家。

元気亭

　　「両国」（両国<ruby>りょうごく</ruby> < ryo.o.go.ku >；兩國）以「相撲」（相撲<ruby>すもう</ruby> < su.mo.o >；相撲）聞名，下了 JR 的電車就彷彿走進了相撲的世界，到處可見外國人前來參觀「両国国技館」（両国国技館<ruby>りょうごくこくぎかん</ruby> < ryo.o.go.ku.ko.ku.gi.ka.n >；兩國國技館）、「江戸東京博物館」（江戸東京博物館<ruby>えどとうきょうはくぶつかん</ruby> < e.do.to.o.kyo.o.ha.ku.bu.tsu.ka.n >；江戸東京博物館）。JR 西口外面也有紀念石像、販賣紀念品的小攤，以及供人拍照的人形看板！

最便捷的電車站

【両国】兩國

① JR・総武線
　JR・總武線

② 都営地下鉄・大江戸線
　都營地下鐵・大江戸線

都営地下鉄・大江戸線

JR 的車站出口旁有相撲的石像。

這是「元気亭」的午餐。

　　順著上一節的養生風，這次我們要去的這家店——「元気亭」

（元気亭<ruby>元気亭<rt>げんきてい</rt></ruby>＜ ge.n.ki.te.e ＞；元氣亭）也很天然！1 樓是賣健康食品；

2 樓是餐廳。在餐廳外，還擺著許多顏色鮮豔的蔬果。從這家店的

網頁上得知，它們主要也是推廣玄米飲食與玄米酵素的健康概念。

什麼是健康的生活

　　所謂「健康的生活」，就是從食物中獲取營養，透過血液提

供給各個細胞，並除去老舊廢物。因此，我們都是靠血液才能維持

生命的。若是不懂得怎麼吃東西，就會有損健康，所以有了正確的

飲食生活，才能保有健康。無論如何，擁有了營養均衡的飲食，就

像打了一劑能戰勝任何疾病的強心針。也就是我們台灣人平常說

的——「藥補」不如「食補」！

1 大家都可以一秒變相撲選手！
2 小攤賣的都是和相撲有關的紀念品。
3 餐廳一樓販賣著健康食品。
4 餐廳外面的擺設很花俏。

⑤ 店內有多種玄米茶產品。
⑥ 餐桌上有玄米粉包。
⑦ 窗邊的位子很明亮。

　　我今天也要來「食補」一下，首先到店內的櫃檯點餐吧！在這裡除了可以點「本日のお食事」（本日のお食事< ho.n.ji.tsu no o sho.ku.ji >；今日特餐，820 日圓）外，也可以從「本日のおそうざい」（本日のおそうざい< ho.n.ji.tsu no o so.o.za.i >；今日小菜，100 日圓）中挑選出自己喜歡吃的，再搭配上「ごはんセット」（< go.ha.n.se.t.to >；附飯、湯及醃菜的組合，510 日圓）。其中，飯可以選擇一般的玄米或含有五穀雜糧的玄米，而且大碗不加價喔！點完餐後，就可以在櫃檯旁邊拿茶來喝。

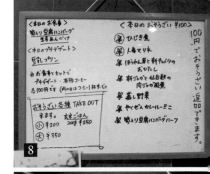

⑧ 要點什麼，請見白板。

我的餐點送來了

　　我點了的小菜有「涼拌紅蘿蔔」與「清蒸蔬菜」等。而湯品裡的料非常豐富，怎麼看都是營養價值十足的食材！店員告訴我說，餐桌上的芝麻及紅色玄米酵素的粉可以撒在飯上吃；綠色的玄米粉是餐後服用的，聽說有助消化。

⑨ 湯品裡面的食材十分豐富。

1 我也在飯上加了玄米粉。
2 牆上掛有飲食的三大原則。
3 洗手乳選用自然的配方，1 樓有在賣。

　　「**圍起我的圍兜兜，いただきま〜す。**」我馬上把芝麻加在飯上，吃了幾口後再撒上玄米粉。我吃得很慢，享受每一刻咀嚼的感覺，而兩種味道都很香。吃完飯後，我又拿了杯熱茶來喝。在櫃檯旁邊有多種玄米製品的販賣區，也有一些雜誌供客人閱讀。突然看到在店內牆壁的板子上，寫著很有道理的三大飲食原則：

> ① **適応食**：注意吃飯時要以適合人們的穀物及蔬菜為主
> ② **身土不二**：要享用在自己土生土長的這片土地上所栽種的
> 　　　　　　　新鮮食材
> ③ **一物全体食**：一樣食材要從頭到尾全部吃掉

　　好玩的是，連店內的洗手間也有強調含有自然成分的洗手乳。

深植人心的相撲文化

　　吃飽後我就帶著帳單去櫃檯結帳。難得來一趟這裡，飯後就觀光一下吧！沿著 JR 車站鄰近的「隅田川」河堤走，可欣賞到迷人的風光及舊時街景的畫作。在

河邊的風光很迷人。

牆上可欣賞到舊時街景的畫作。

欄杆上也有像「過肩摔」等相撲圖案的設計。大家快看！那裡有水上巴士剛好要開走了。

　　玩了一整天，正當要去搭電車回家時，身旁有陣風呼嘯而過。回過神來，原來是某個大大相撲選手騎著小小自行車從旁經過。
「真是太好了，來到這裡終於見到相撲選手的本尊了！」

1 我終於見到了如假包換的相撲選手。
2 欄杆上有過肩摔的圖案。

MAP
地圖

▌結わえる

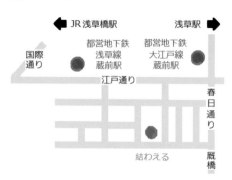

◀ JR浅草橋駅　　　　浅草駅 ▶

都営地下鉄　　都営地下鉄
浅草線　　　　大江戸線
蔵前駅　　　　蔵前駅

国際通り

江戸通り

春日通り

厩橋

結わえる

140

MAP 地圖

元気亭

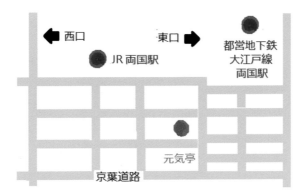

◀ 西口　　　東口 ▶

JR 両国駅

都営地下鉄
大江戸線
両国駅

元気亭

京葉道路

WEB 網址

結わえる
→ http://www.yuwaeru.co.jp/

元気亭
→ https://www.genmaikoso.co.jp/health/genkitei/news.asp

水上巴士
→ http://www.tokyo-park.or.jp/waterbus/index.html

★最道地的實用句★【確認自己的信用卡能否使用時】

すみません、このカード（を）使えますか？

< su.mi.ma.se.n ko.no ka.a.do (o) tsu.ka.e.ma.su ka >

不好意思，我能使用這張卡嗎？

今天來到了萬世橋。

文藝紅磚拱橋：
CAFE & 和酒「N3331」

對於男生來說，電器、電玩、電漫豐富的「秋葉原」（秋葉原 < a.ki.ha.ba.ra >；秋葉原）充滿著無窮的魅力。不過，在那附近有個叫做「万世橋」（万世橋 < ma.n.se.e.ba.shi >；萬世橋）的地方，卻是個優美雅致的文藝中心。而那裡的「電○」讓我無法自拔！「○」等會兒為大家揭曉，請容我先賣個關子吧！

這裡附近有許多的電車站。

最便捷的電車站

① JR 各線：秋葉原（電気街口）

② 東京メトロ：銀座線→神田（6 番出口）

JR 各線：秋葉原（電氣街口）

東京 Metro：銀座線→神田（6 號出口）

古早味的紅磚新建築

有很多條路線的電車都能到達「万世橋」，交通極為方便。過去以紅磚建造而成的這座高架橋，為了要重現歷史的風光與勾起大家的回憶，翻修之後變身為現在的「マーチエキュート神田万世橋」（マーチエキュート神田万世橋<かんだまんせいばし>< ma.a.chi.e.kyu.u.to.ka.n.da.ma.n.se.e.ba.shi >；mAAch ecute 神田萬世橋，「神田」為地名）。這裡不但擁有過去紅磚藝術之美，而且現在還結合了商場，文藝氣氛濃厚。

商場內五花八門

在入口處擺著一個很像菸灰缸的白桶。仔細一看，那是下雨天給客人去除雨傘水滴用的。只要按照圖片上的指示，把溼答答的雨

最便捷的電車站
③ 東京メトロ・千代田線 ↓ 新御茶ノ水（A3 出口）
④ 東京メトロ・丸の内線 ↓ 淡路町（A3 出口） 東京 Metro・千代田線 ↓ 新御茶水（A3 出口）
⑤ 東京 Metro・丸之內線 ↓ 淡路町（A3 出口） 都営地下鉄・新宿線 ↓ 小川町（A3 出口）
都營地下鐵・新宿線 ↓ 小川町（A3 出口）

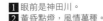
１ 眼前是神田川。
２ 黃昏點燈，風情萬種。

1

2

上面是鐵路；下面是商場。

傘上上下下來回個 3 到 4 次就可以除水。而門口有一個很華麗貴氣的燈，金光閃閃。通過像隧道般的走道，可往裡面走。商場內賣的書籍、家具、雜貨都很有設計感，地方特產也有兜售。逛累了還能到外面的椅子上坐一會兒。即使是放空一下，也滿詩情畫意的。

逛完這個商場，精彩的要來了。往商場旁邊的樓梯爬上 2

1 這是除水滴用的桶子。
2 入口的燈飾很華麗。
3 這裡很有文藝氣息。

雜貨精品，樣樣都有。

樓，就到了一家能吃午餐、喝咖啡、用晚餐、享美酒的小店——CAFE & 和酒「N3331」。這家店的網頁上，有提供中文的菜單，大家可以參考一下後方的網址連結。

剛進來時覺得這家店又迷你又溫馨，有幾個年輕人正圍成一桌在開會。就如同我拍的照片一樣，這個時候應該還沒有人發現它的

④ 這裡也能點酒。
⑤ 從走道往前望去，彷彿看不到盡頭。
⑥ 大家可以來戶外座椅區沉思片刻。

驚人之處吧！當我點完咖啡（520 日圓）坐在窗戶旁時，「**天啊！這個怎麼離我這麼近！**」我被嚇得動彈不得。

電車奔馳的超快感

原來有班電車就這樣近距離地與我擦身而過。「**雖然受到驚嚇，但第一次與電車一起喝咖啡，倒覺得很有情調！**」那班電車開走後，還來不及回味那份甜蜜，又有電車要開來了，趕快坐到對面的位置去，再捕捉下一個充滿速度感的畫面。

我越來越喜歡這間咖啡店了。之後我轉移陣地，搬到最後方半露天的透明玻璃區去坐。一下子左邊出現了電車；一下子右邊出現電車；一下子同時兩邊都出現電車，這場電車秀讓我大飽眼福。

1 這是可以看電車的咖啡店。
2 電車來了！
3 電車又來了！

我來到位於店後方的透明屋，左邊有電車。

右邊也有電車。

不單單是視覺上的刺激，就連菜單裡也藏有小創意。在沙拉的部分，業者用 JR 的電車路線命名，推出了「山手線沙拉」、「總武線沙拉」與「中央線沙拉」。並且還會依照各路線的電車顏色，來選用沙拉裡的配料。「山手線沙拉」是有酪梨等的綠色系；「總武線沙拉」是有水煮蛋等的黃色系；「中央線沙拉」則是有燻鮭魚等的橘色系。

在日本，常常在假日看到月台上有人拿著相機，捕捉電車開進月台的畫面。或是有新的列車上路時，電車迷總是對著車身快門咔喳咔喳地拍個不停。不怕大家笑，其實我也是一個很愛幫電車照相的人。若你和我一樣也是個不折不扣的電車迷，務必也來這裡體驗一下與電車的親密接觸！

兩邊同時都有電車呼嘯而過。

MAP 地圖

JR御茶ノ水駅

 JR秋葉原駅

東京メトロ
千代田線
新御茶ノ水駅

万世橋

JR 神田駅

都営地下鉄
新宿線
大川町駅

東京メトロ
丸の内線
淡路町駅

東京メトロ
銀座線
神田駅

WEB 網址

マーチエキュート神田万世橋｜繁體中文

→ http://www.maach-ecute.jp.t.of.hp.transer.com/

CAFE & 和酒「N3331」｜簡體中文

→ http://n3331.com/

CAFE & 和酒「N3331」｜簡體中文｜MENU

→ http://n3331.com/cns/#menu_box

★最道地的實用句★【詢問店員】

こちらの雑誌、見てもよろしいですか？

< ko.chi.ra no za.s.shi mi.te mo yo.ro.shi.i de.su ka >

（放在）這裡的雜誌，我可以看嗎？

5

暢飲！
喝遍地方特色居酒屋

在日本聚會多多，從春天的賞花會，到同事的歡迎會、歡送會、夏天的煙火大會、年終的尾牙等，「酒」在其中，扮演了不可或缺的重要角色。大家把酒言歡，好不熱鬧。而日本的上班族也總習慣下班後和同事去居酒屋喝一杯，特別是週五的夜晚，大家聚在一起，抒發一下一星期以來的工作壓力。東京有哪些不錯的居酒屋呢？「來，來，來！我們喝完這杯再說吧！」

這是迎接午餐時段前的寧靜。

Chapter 5-1 蒸健康居酒屋：musmus

　　日本的上班族很喜歡跟同事到居酒屋小酌兩杯再回家，但是餐廳內的料理總是口味很重，又會添加一些有的沒有的東西，越吃越不健康。有家居酒屋則以健康為訴求，為了減少身體的負擔，在菜色及烹調上可是下了一番功夫，例如不使用化學的調味料，或是使用不加農藥的青菜等，希望大家來喝酒也能喝得健康一點。

最便捷的電車站

【東京】東京

① JR・各線（丸の内口）
　JR・各線（丸之內口）

② 東京メトロ・丸ノ内線
　東京 Metro・丸之內線

蒸出鮮味好料理

　　這家店位於東京車站新丸之內大樓的7樓，已經開了9年，名字叫做「musmus」，一開始不知道有何典故，看到店外的立牌才會意過來。這「musmus」是源於日文動詞的「蒸す」（蒸す<mu.su>；蒸），店內的清蒸料理想必是招牌特色。要是晚上來吃的話，肯定會荷包大失血，所以我選擇中午來這裡享用較實惠的經濟午餐。來了之後，更加確定這個選擇是正確的。

1 店名的立牌就掛在店的正前方。
2 這是店外的沙發區。
3 餐廳內的左方是小菜區。
4 餐廳內的右方是咖啡區。
5 我很中意這家店的手工豆腐。`

小菜咖啡自己來

　　中午時間，不管店內店外都是人。菜單上有幾種套餐可以選擇，而點完餐就可以自己去取用小菜（當天有微辣蒟蒻、蘿蔔絲、筍乾香菇、醃小黃瓜、手工豆腐等）及咖啡。「**圍起我的圍兜兜，いただきま～す。**」我認真地閉上雙眼品嘗了手工豆腐，好吃到魂

1 這是午餐的菜單。
2 看板上有好飯、好湯、好酒。
3 晚上從下午 5 點開始營業。
4 我選的午餐這兩種飯都像筒仔米糕，
　另附味噌湯與蔬菜。
5 大家也可以選擇其他的套餐。

不知道都飄到哪裡去了。當我一睜開眼睛，女服務生突然就出現在我的面前問我是否合胃口，我馬上回答她：「**妳們的豆腐很好吃！**」（翻成中文怎麼好像有點怪怪的……。）

店員既熱情又親切

　　除了剛剛吃豆腐時會主動關心客人外，店員也會親切地回答我的問題。因為吃完飯想去藥妝店買感冒藥，所以問了他們離這裡最近的店在哪裡。店裡客人來來往往已經很忙了，但還是很有耐心地告訴我到藥妝店的走法。

搭配使用的調味料

　　我的套餐——「蒸飯套餐」（1000日圓）來了！這套餐裡的蒸飯可5選2（請參考下方的中日對譯），我選的這兩種都像筒仔米糕，另附味噌湯與蔬菜。那蔬菜果然味道清淡得太不像話了（是表示「好」的意思），正・中・下・懷！我很喜歡這種淡淡的滋味。此外，為了幫助消化，店家在餐桌上備有芝麻與鹽巴，讓大家能撒在玄米上吃。

中文名	日文名	羅馬拼音
紅燒肉飯	角煮ごはん （かく に）	ka.ku.ni.go.ha.n
伊勢海藻飯	伊勢ひじきごはん （い せ）	i.se.hi.ji.ki.go.ha.n
雞肉牛蒡飯	鶏ごぼうごはん （とり）	to.ri.go.bo.o.go.ha.n
五目飯 ※有香菇、牛蒡、 　豆皮及青菜等	加薬ごはん （か やく）	ka.ya.ku.go.ha.n
碎雞肉飯	鶏そぼろごはん （とり）	to.ri.so.bo.ro.go.ha.n

處處可見精心的設計

　　在店內的牆上特別標注了各種食材的來源地，比方說，來自宮崎的尾崎牛、廣島的海苔與牡蠣、北海道的馬鈴薯及蘆筍等，大力支持

店內的牆上介紹著各食材的產地。

1 書櫃非常吸引我。
2 庭園區是這家店的祕密基地。
3 這棟大樓的洗手間上起來很舒服。
4 洗手間裡有高科技的裝置，感應之後
　會自動給皂與出水。

日本各地的牧場及農家；在店外也設有書櫃區，讓愛看書的客人能在飯後看本好書。當初會選這家店，就是因為這個「書櫃」電到了我。

祕密基地請跟我來

一連介紹了這家店這麼多的優點，但還有一個「祕密基地」一定要讓大家知道。若是想要在吃飯時能欣賞到壯觀的東京車站，可穿過店內到庭園區來用餐！坐在這木頭的桌椅上，吹著微風看車站，人・間・似・天・堂！

洗手間也要考察考察

吃完飯後去了一趟這一層的洗手間，一片雪白的洗手間裡，其動線的設計很特別，最裡面是小便區，而洗手檯設置在靠近門口的中間的位置。走近洗手檯，先把手伸到右邊的內側，就會有肥皂泡沫落在手心上。之後再把手放在左邊的感應器前，就會有水從中間的小洞噴出來，「**好高科技的洗手間！**」

從庭園可以看到東京車站全景。

壯觀的東京車站即在眼前。

丸の内ビル　　新丸の内ビル7F
musmus

　東京メトロ
丸の内線
東京駅

◀ 有楽町駅　　　　　　　神田駅 ▶

JR東京駅

WEB
網址

musmus
→ http://www.musmus.jp/

★最道地的實用句★

いちばんちか
ここから一番近いドラッグストアは
どこですか？

< ko.ko ka.ra i.chi.ba.n chi.ka.i do.ra.g.gu.su.to.a wa

do.ko de.su ka >
離這裡最近的藥妝店在哪裡？

Chapter 5-2 超值商業午餐：
三代目網元｜魚鮮水產、
東京やきとん｜九段てっぺ
いちゃん

　　一般居酒屋通常傍晚的時候才會營業，不過有些像上一節的店家，從中午就開始提供商業午餐了。在辦公大樓林立的地區，各家餐廳都使出絕活，無非要吸引各上班族的目光。這裡有兩家居酒屋某月竟打出雙主餐的口號，讓我不得不被征服了。

1 在路旁都會看到商業午餐的廣告。
2 爬上樓梯，跟著我一探究竟吧！

店外布置得很熱鬧。

▍海產居酒屋：三代目網元｜魚鮮水產

　　第一家居酒屋是海產店，位在西新宿，店名是「三代目網元｜魚鮮水產」（三代目網元｜魚鮮水産 < sa.n.da.i.me.a.mi.mo.to u.o.se.n.su.i.sa.n >；第三代船主｜魚鮮水產）。走上樓梯就能感受到熱鬧的氣氛。店家標榜食材是從各縣的漁港直接進貨，也貼出了早上在漁港捕魚時的照片，而且有時還會舉辦「鮪魚的解剖秀」！因為中午時段高朋滿座，所以先在等候區休息片刻。抬頭仰望天花板，漁網也成了最佳的裝飾品。

最便捷的電車站

【新宿】新宿

① JR：各線（西口）
　JR：各線（西口）
② 京王線・京王新線
　京王線・京王新線
　京王線、京王新線

③ 小田急線
④ 東京メトロ：丸ノ内線
　東京 Metro：丸之內線

⑤ 都営地下鉄：新宿線
　都營地下鐵：新宿線
　小田急線
　都營地下鐵：新宿線

1 這邊介紹了早上捕魚的過程。　2 這裡是客人的候位區。
3 桌上的菜單有圖片，很容易懂。　4 天花板上有漁網！

161

看了桌上的菜單，可以從以下 8 種選擇中挑選，而我也決定好了我的雙主餐——生魚片及烤雞（750 日圓）。除了有雙主餐之外，這裡也有無限暢飲的飲料吧！「**圍起我的圍兜兜，いただきま～す。**」

最便捷的電車站

【都庁前】都廳前

都営地下鉄：大江戶線

都営地下鐵：大江戶線

海產居酒屋的午餐裡有「烤雞」與「生魚片」。

中文名	日文名	羅馬拼音
炸豬排	トンカツ	to.n.ka.tsu
生魚片	刺身（さしみ）	sa.shi.mi
香腸	ソーセージ	so.o.se.e.ji
今日特餐	日替り（ひがわり）	hi.ga.wa.ri
炸雞	唐揚げ（からあ）	ka.ra.a.ge
味噌烤雞	鶏味噌焼き（とりみそや）	to.ri.mi.so.ya.ki
烤魚	焼魚（やきざかな）	ya.ki.za.ka.na
煎日式漢堡肉	ハンバーグ	ha.n.ba.a.gu

在小便斗上方的是鮪魚部位解說圖。

　　這裡有開放式的用餐區，也有包廂型的小房間，而小房間都是以魚的種類來命名，十分有趣。當然，我也不會放過參觀這裡的洗手間！男生的小便斗上有掛著一張魚的圖片，上面清楚標示了鮪魚的每個部位，讓我上了一堂鮪魚課。

　　吃了雙主餐，也喝了好幾杯的飲料，該是打道回府的時候了。拿起桌上的結帳板，到收銀台結帳，而在收銀台上面的燈籠上寫著的「御勘定」（御勘定 < o.ka.n.jo.o >），就是指「結帳」的意思。邊付錢，邊覺得這樣的價錢能吃到兩個主餐，實在有 · 夠 · 划 · 算！這裡好像還會時常更新菜單，非常期待下次的新菜色。

1 大家點完餐後可以先去飲料吧。
2 中間的燈籠上寫的日文，是「結帳」的意思。
3 這裡是開放式的用餐區。
4 房間是利用各種魚來命名的。

3

4

串燒居酒屋：
東京やきとん｜九段てっぺいちゃん

　　第二家串燒店是專吃「やきとん」（< ya.ki.to.n >；烤豬串）的居酒屋，位於「JR、東京地下鐵飯田橋站」與「東京地下鐵、都營地下鐵九段下站」之間，全年無休，店名是「東京やきとん｜九段てっぺいちゃん」（東京やきとん｜九段てっぺいちゃん < to.o.kyo.o.ya.ki.to.n｜ku.da.n.te.p.pe.e.cha.n >；東京烤豬串｜九段 TEPPEICHAN）。我找了個中午過去吃午餐，點了「やきとり丼」（やきとり丼 < ya.ki.to.ri.do.n >；烤雞蓋飯）。

最便捷的電車站

【九段下】九段下

① 東京メトロ：東西線・半藏門線
　東京 Metro：東西線・半藏門線

② 都営地下鉄：新宿線
　都營地下鐵：新宿線

若是平日的白天點，會附蕎麥麵與沙拉！

最便捷的電車站

【飯田橋】飯田橋

① JR：各線（東口）
　JR：各線（東口）

② 東京メトロ：東西線・有楽町線・南北線
　東京 Metro：東西線・有樂町線・南北線

　　店內麻雀雖小，五臟俱全，燈光相當明亮。我人就坐在吧檯上，可以看到師傅現烤雞肉串。本來是白色的雞肉丸，慢慢烤成金黃色，最後

1 串燒居酒屋的午餐裡有「烤雞」與「蕎麥麵」。
2 雞肉串的香味撲鼻而來。

店內交錯著許多漂亮的燈飾。

當然也要嘗一嘗道地的關東煮。

炸豬肝是店家所推薦的招牌菜。

這是烤雞蓋飯。

烤好的雞肉串上桌了。

好大一球的馬鈴薯沙拉！

丸子還烤得有點黑黑焦焦的，非常誘人；桌上也有一個碗，裡面裝著一顆生雞蛋，免費提供給客人打在飯裡面一起吃，營養十足。我點的烤雞蓋飯（650日圓）來了！「**圍起我的圍兜兜**，いただきま〜す。」另外，其他推薦的美食還包括：

中文名	日文名	羅馬拼音
滷牛腸	牛もつ煮込み （ぎゅう）（にこ）	gyu.u.mo.tsu.ni.ko.mi
炸豬肝	レバカツ	re.ba.ka.tsu
關東煮	おでん	o.de.n
馬鈴薯沙拉	ポテトサラダ	po.te.to.sa.ra.da

MAP 地圖

▍海產居酒屋

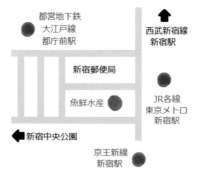

都営地下鉄
大江戸線
都庁前駅

西武新宿線
新宿駅

新宿郵便局

魚鮮水産

JR各線
東京メトロ
新宿駅

新宿中央公園

京王新線
新宿駅

串燒居酒屋

JR飯田橋駅

東京メトロ
飯田橋駅

都営地下鉄
大江戸線
飯田橋駅

九段
てっぺいちゃん

東京メトロ
九段下駅

都営地下鉄
九段下駅

三代目網元｜魚鮮水産｜西新宿店

→ http://www.chimney.co.jp/cgi-bin/shopsearch/shopinfo.cgi?equal5=767

九段｜てっぺいちゃん

→ http://tabelog.com/tokyo/A1309/A130906/13165629/

★最道地的實用句★

お会計（を）お願いします。
かいけい　　　　　　　　ねが

< o.ka.i.ke.e (o) o ne.ga.i shi.ma.su >

麻煩您幫我結帳。

這家是美食網站上評價很高的好店。

電車的高架橋下有很多居酒屋。

Chapter 5-3　大橋下喝一杯：
まこちゃんガード下酒場

在上一節的串燒店吃得意猶未盡嗎？我的日本朋友透過日本有名的美食網站——「食べログ」（食べログ＜ta.be.ro.gu＞；美食餐廳指南），找到一家吃串燒評價很高的居酒屋，店名是「まこちゃんガード下酒場」（まこちゃんガード下酒場＜ma.ko.cha.n.ga.a.do.shi.ta.sa.ka.ba＞；MAKOCHAN），我們相約一同前去。一開始，我們先約在 JR 新橋車站前的 SL 廣場見面。那裡除了是約見面熱門的場所外，也有展示著一輛舊式火車，每天的 12 點、15 點、18 點這三個時段能聽到火車的汽笛聲！等 18 點的汽笛聲一結束，我的朋友就準時出現在我的面前了。

最便捷的電車站

【新橋】新橋

① JR．各線（烏森口）　② 東京メトロ．銀座線

JR．名線（烏森口）　東京メトロ．銀座線

JR．各線（烏森口）　東京 Metro．銀座線

在 JR 新橋車站前的 SL 廣場上，展示著舊式的蒸氣火車。

歡迎光臨串燒店

當天晚上到了現場，發現這家吃串燒的店，開在電車高架橋的下面。「橋下的一整排店好有風情！」這裡的服務生可以看到韓國人、印度人、中國人等，也很國際化。入店後，我朋友把包包放在靠近天花板的欄杆上，我覺得這個置物的設計很會利用空間。之後我們就拿起酒單，照日本常規先點酒來喝。

酒單上有許多外來語（常見的酒名如右表），其中的「綠茶ハイ」（綠茶ハイ< ryo.ku.cha.ha.i >；綠茶燒酒）及「抹茶ハイ」（抹茶ハイ< ma.c.cha.ha.i>；抹茶燒酒）這兩種酒讓我困惑。日文的「ハイ」（< ha.i >）是「ハイボール」（< ha.i.bo.o.ru >；威士忌＋蘇打水）的簡稱，而「綠茶」及「抹茶」是一樣的東西嗎？查了字典才曉得，「綠茶」是採摘新長出來的嫩芽與葉所製成，屬於不發酵的，而當中包括了「煎茶」（煎茶<

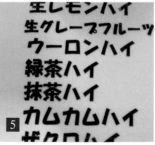

1. 晚上這邊都聚集不少上班族。
2. 不管是一個人或和朋友一塊，都可以來這裡小酌。
3. 店內的高處有架子可以置物。
4. 居酒屋常見的紅燈籠，是指「這裡酒很便宜，適合一般大眾」之意。
5. 酒單裡有各種酒類可以選擇。

se.n.cha >；把茶葉煮到乾）、「抹茶」（抹茶 < ma.c.cha >；把茶葉磨成粉）等。終於真・相・大・白・了！

中文名	日文名	羅馬拼音
綠茶燒酒 （390 日圓）	緑茶ハイ ^{りょくちゃ}	ryo.ku.cha.ha.i
抹茶燒酒 （390 日圓）	抹茶ハイ ^{まっちゃ}	ma.c.cha.ha.i
蒸餾酒燒酒 （340 日圓）	チューハイ	chu.u.ha.i
生檸檬燒酒 （420 日圓）	生レモンハイ ^{なま}	na.ma.re.mo.n.ha.i
生葡萄柚燒酒 （420 日圓）	生グレープフルーツハイ ^{なま}	na.ma.gu.re.e.pu. fu.ru.u.tsu.ha.i
卡姆果燒酒 ※ 帶酸甜味 （390 日圓）	カムカムハイ	ka.mu.ka.mu.ha.i
石榴燒酒 （390 日圓）	ザクロハイ	za.ku.ro.ha.i
可爾必斯燒酒 （390 日圓）	カルピスハイ	ka.ru.pi.su.ha.i
萊姆燒酒 （390 日圓）	ライムハイ	ra.i.mu.ha.i
烏龍茶燒酒 （390 日圓）	ウーロンハイ	u.u.ro.n.ha.i

配酒小菜樣樣來

　　隨後我們陸續點了其他小菜，如這家店的招牌料理——「焼きとん盛り合わせ」（焼きとん盛り合わせ < ya.ki.to.n.mo.ri.a.wa.se >；5 種豬肉串燒的組合，700 日圓，各部位説法請見下方），有「タレ焼」（タレ焼 < ta.re.ya.ki >；醬烤）與「塩焼」（塩焼 < shi.o.ya.ki >；鹽烤）2 種口味可以選擇。料理送上來後，日本朋友隨即體貼地幫大家分串燒。「**怎麼連豬的子宮也吃得到，太神了！**」

1 這盤是鹽烤的串燒，旁邊有附黃芥末。
2 這盤是醬烤的串燒。

中文名	日文名	羅馬拼音
腸（140 日圓）	シロ	shi.ro
肝（140 日圓）	レバ	re.ba
舌（140 日圓）	タン	ta.n
心（140 日圓）	ハツ	ha.tsu
橫膈膜（140 日圓）	カシラ	ka.shi.ra
喉頭軟骨（140 日圓）	ナンコツ	na.n.ko.tsu
子宮（140 日圓）	コブクロ	ko.bu.ku.ro
舌根（200 日圓）	タンモト	ta.n.mo.to

※ 数が少なく売切御免です。（因數量有限，若有向隅，深感抱歉。）

　　除了必吃的串燒以外，託日本朋友的福，我也嘗到了很驚奇的好料，像是「生吃豬胃＝涼拌豬胃」、「豬腸燉豆腐」、「竹筴魚炸肉餅」、「碎竹筴魚」（被剁碎的生竹筴魚裡拌入了味噌和青蔥等，下面還鋪著一堆白蘿蔔絲）等。

中文名	日文名	羅馬拼音
生吃豬胃＝涼拌豬胃 （550 日圓）	ガツ刺_{さし}	ga.tsu.sa.shi
豬腸燉豆腐 （550 日圓）	もつ煮込豆腐入り_{にこみとうふい}	mo.tsu.ni.ko.mi. to.o.fu.i.ri
竹筴魚炸肉餅 （450 日圓）	真アジのメンチカツ_ま	ma.a.ji no me.n.chi.ka.tsu
碎竹筴魚 （450 日圓）	真アジたたき_ま	ma.a.ji.ta.ta.ki

日本朋友體貼地幫大家分串燒。

這盤是竹筴魚炸肉餅。

這盤是涼拌豬胃。

　　日本朋友說他們都把那白蘿蔔絲稱為「刺身のつま」（刺身の<ruby>刺身<rt>さし み</rt></ruby>つま＜sa.shi.mi.no.tsu.ma＞）。「刺身の」的意思是「生魚片的」，而「つま」，學過日文的人就會想到「<ruby>妻<rt>つま</rt></ruby>」（妻＜tsu.ma＞）這個字，所以該不會指的就是「太太如影隨形」的意思吧！不過字典說，「刺身のつま」是指生魚片旁所附的青菜及海藻等可有可無的東西。

搭電車回家的路上

　　每快喝完一杯，日本朋友都會問我下一杯要喝什麼，就這樣一杯接著一杯。我們喝到差不多要倒下去前，在新橋車站各自搭電車回家。這個時候的車站裡，有不少人都和我們一樣，喝得全身酒氣沖天。當坐電車時，我看到有位乘客居然把雨傘掛在拉環上，整個人依偎在雨傘上，算是奇景。「**不用多說，你一定也是喝醉了，回家的路上要小心！**」

1 豬腸燉豆腐也送來了。
2 被剁碎的生竹筴魚拌入了味噌和青蔥等，下面還鋪著一堆白蘿蔔絲。
3 有名乘客把雨傘掛在電車的拉環上。

MAP 地圖

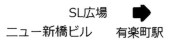

← 日比谷神社

SL広場
ニュー新橋ビル

→ 有楽町駅

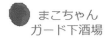

まこちゃん
ガード下酒場

JR
新橋駅
烏森口

外堀通り

東京メトロ
銀座線
新橋駅

WEB 網址

まこちゃんガード下酒場｜食べログ
→ http://tabelog.com/tokyo/A1301/A130103/13091069/

新橋やきとんまこちゃんグループ
→ http://macksfoodsjapan.com/

★最道地的實用句★【主動幫忙把串燒分到盤子上時】

取り分けていいですよね。
とわ

< to.ri.wa.ke.te i.i de.su yo ne >

我把菜分一分可以吧！

Chapter 5-4　東北青森料理：
青森のお台所｜
わのみせ

最便捷的電車站

【新橋】新橋

① JR：各線（汐留口）

② JR：各線（汐留口）

③ 東京メトロ：銀座線

④ ゆりかもめ

JR：各線（汐留口）

東京 Metro：銀座線

都営地下鉄：浅草線

都營地下鐵：淺草線

百合海鷗號

　　上次和日本朋友到「新橋」（新橋< shi.
n.ba.shi >；新橋）吃晚飯。出了 JR 車站的汐
留口，走 30 秒就到了一家叫做「青森のお台
所｜わのみせ」（青森のお台所｜わのみせ<
a.o.mo.ri.no.o.da.i.do.ko.ro wa.no.mi.se >；青森
的廚房｜我的店）的居酒屋。而在青森方言
裡，「わ」就是「我」的意思！店外的看板
上說，店內有中文菜單與中國店員，所以不
會日文的朋友們也能安心進去。

我吃的是十和田炒牛五花定食。

今晚喝點什麼呢

　　我和日本朋友先點了酒來喝。青
森的蘋果很有名，因此我們點了一杯
蘋果酒及藍莓酒，彼此為今天工作的
辛勞乾杯。隨後，我發現店內的牆壁
很有看頭，到處都有很多的古畫，也掛有慶典時的照片。另外，一
整排的好酒更是教人想來個一杯。

這是慶典時的照片。

今晚吃點什麼呢

　　看了菜單，我的朋友點了「十和田炒牛五花定食」。「十和田」
（十和田＜ to.wa.da ＞；十和田）是位於青森縣東南部的一個市，現
在以養牛業聞名。我則看到有個叫做「いちご煮定食」（いちご煮
定食＜ i.chi.go.ni.te.e.sho.ku ＞）。「いちご」這個單字我知道，不就
是「草莓」嗎？就衝著這個有趣的搭配，我選了這個定食。

1 店門口有門簾及特產。　　　2 天花板上有兩個人正大打出手。　　3 這左右兩邊也可以坐人。
4 菜單上有各種套餐。　　　　5 我從眾多好酒中，挑了一瓶來拍照。　6 左方是「蘋果酒」；右方是「藍莓酒」。

177

海膽湯是沒有加「草莓」的。

這個是海膽套餐。

山藥泥拌醬油才好吃！

　　餐點送來之後，整個套餐色香味俱全。「**圍起我的圍兜兜，いただきま～す。**」不過這裡面附的山藥泥該怎麼吃好呢？我偷偷學我的日本朋友，先加一點醬油攪拌一下，再加到白飯上吃就可以了。濃稠的山藥泥真好吃！

定食中找草莓

　　「**對了！我的套餐裡應該會有草莓吧！**」就這樣拚命地找，但怎麼也遍尋不著。然後再翻了一下菜單仔細一看，照片上也沒有草莓！日本朋友告訴我，在青森，「海膽」被稱為「いちご」。這才知道，這定食從頭到尾都不會出現草莓。我的愚蠢讓我的朋友見笑了，而各位親愛的讀者也請「別」把我的糗事說出去！

今晚我們點的東西有：

中文名	日文名	羅馬拼音
蘋果酒（626 日圓）	リンチンチュウ 林檎酒	ri.n.chi.n.chu.u
藍莓酒（626 日圓）	ランメエチュウ 藍莓酒	ra.n.me.e.chu.u
十和田炒牛五花定食 （1490 日圓）	と わ だ　　や　ていしょく 十和田バラ焼き定食	to.wa.da.ba.ra. ya.ki.te.e.sho.ku
海膽定食（2354 日圓）	に　ていしょく いちご煮定食	i.chi.go.ni. te.e.sho.ku

MAP 地圖

駅前ビル1号館

青森のお台所
わのみせ

京急ショッピングプラザ
ウィング新橋

JR 新橋駅（汐留口）

東京メトロ
銀座線
新橋駅

WEB 網址

青森のお台所｜わのみせ｜新橋店
→ http://r.gnavi.co.jp/gae3000/

★最道地的實用句★【乾杯時】

お疲れ（さまです）。

< o.tsu.ka.re.(sa.ma de.su) >

（您）工作辛苦了。

南方九州沖繩：
BETTAKO、
泡盛と沖繩料理
ニライカナイ本家

九州料理：BETTAKO

　　這一次到訪的小居酒屋位於「池袋」（池袋 < i.ke.bu.ku.ro >；池袋），店名叫做「BETTAKO」＝「べったこ」（< be.t.ta.ko >），日本朋友們異口同聲都説有「昭和の感じ」（昭和の感じ < sho.o.wa no ka.n.ji >；昭和的感覺，意指很懷舊的意思，昭和年代為 1926 ～ 1988 年）。這家店的料理來自位於九州南方的鹿兒島，而店內放著演歌，裝潢也充滿了濃郁的復古風。

　　在店內的牆壁上，我看到了鹿兒島的方言教學，以及許多過去酒窖裡所用的圍裙。聽日本朋友説，若對製作啤酒的過程

最便捷的電車站

【池袋】池袋

① JR…各線（東口）

② 東京メトロ…丸の内線・副都心線・有楽町線

東京 Metro…丸之內線・副都心線・有樂町線

③ 東武東上線

④ 西武池袋線

西武池袋線

1 這家店開在池袋車站東口的巷子裡。
2 想學一下鹿兒島的方言嗎？

有興趣的話，現在很多啤酒大品牌的公司，都可以免費參觀並且暢飲啤酒！

說到了酒，我上次去拜訪了「公益財団法人｜東京観光財団」（公益財団法人｜東京観光財団 < ko.o.e.ki.za.i.da.n.ho.o.ji.n to.o.kyo.o.ka.n.ko.o.za.i.da.n >；公益財團法人｜東京觀光財團），想請他們為台灣的朋友們分享一些最新的旅遊資訊（詳情請見後面的網址連結）。在他們的辦公室裡，我看到了許多大大小小的酒瓶，負責人

3 這是牆上的舊招牌與老時鐘。
4 晚上吧檯坐滿了客人。
5 過去在酒窖裡所用的圍裙也成了裝飾品。

員則向我大力宣傳東京的在地酒，也請大家多多捧場東京的酒廠！

令人豎起大拇指的美食

進入店裡後馬上來點喝的東西。我先點了「レモンハイ」（＜ re.mo.n.ha.i ＞；檸檬燒酒）

這些是東京都內各大酒廠的宣傳手冊。

，接著看看每天都會更新的今日菜單。菜單裡多為鹿兒島的地方菜，所以大家也抱著好奇心，每道都點來嘗嘗。「圍起我的圍兜兜，いただきま〜す。」

這是我的酒＋檸檬蘇打＋下酒菜＋菜單。

中文名	日文名	羅馬拼音
剝殼蝦仁 & 起司雙重奏	むきえび & チーズ	mu.ki.e.bi & chi.i.zu
烏賊	イカ	i.ka
炸油豆腐	厚揚げ （あつ あ）	a.tsu.a.ge
雞肉丸串	鶏つくね （とり）	to.ri.tsu.ku.ne
辣味噌醬 & 雞肉串	辛みそ & 焼きとり （から）（や）	ka.ra.mi.so & ya.ki.to.ri
生牛胃	センマイ刺し （さ）	se.n.ma.i.sa.shi
鮟鱇魚的肝	あん肝 （きも）	a.n.ki.mo
牛心	牛ハツ （ぎゅう）	gyu.u.ha.tsu

※ 不好意思，我喝得太醉，忘了把價錢給記下來了。

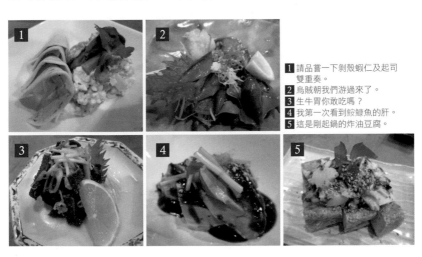

1 請品嘗一下剝殼蝦仁及起司雙重奏。
2 烏賊朝我們游過來了。
3 生牛胃你敢吃嗎？
4 我第一次看到鮟鱇魚的肝。
5 這是剛起鍋的炸油豆腐。

1 雞肉丸串請記得沾醬吃！
2 我的日本朋友喜歡吃牛心。
3 左上角是辣味噌醬；中間是烤雞肉串。

　　聽説有些日本人對於內臟是敬謝不敏，而我的日本朋友倒是還滿喜歡吃的，所以我們點了許多像肝、心臟等料理。其他，也點了很多能配酒的菜，聊累的時候，可以吃吃東西，來個中場休息。

酒足飯飽之後找廁所

　　到了晚上 11 點多，我喝得非常飽、吃得非常撐，又要去廁所報到了。不愧是復古餐廳，連廁所都是用蹲的，很傳統！最後大家為了要趕末班電車，依依不捨地離開居酒屋。在回家的電車上，喝得醉茫茫的我邊打瞌睡邊説：「**店小二，再給我上壺酒！**」

這是傳統式的蹲式廁所。

▍沖繩料理：
泡盛と沖繩料理ニライカナイ本家

在「吉祥寺」（吉祥寺 < ki.chi.jo.o.ji >；吉祥寺）的北口有商店街與電器量販店、百貨公司；南口也有百貨公司與井之頭公園，好玩得不得了。而餐廳更是多到數不盡，要選一家好吃的，真是要費・盡・功・夫！

上次在吉祥寺看到一家店，外面擺放一個很可愛的小獅子。那是沖繩的吉祥物，而沖繩人則把獅子稱為「シーサー」（< shi.i.sa.a >；風獅爺）！原來我們來到了專賣沖繩料理的居酒屋。擇期不如撞日，就去這家好了。當天因為在車站南口的店人太多了，所以改去在北口的分店。其實這家店在吉祥寺一帶就有 3 家分店！

溫暖的小店

北口這家店小小的，給人溫馨的感覺。吧檯區裝飾得很熱鬧；有竹子蓋成的小房間；掛

最便捷的電車站

【吉祥寺】吉祥寺

① JR：名線

② 京王井の頭線

JR：各線

京王井之頭線

這是吃沖繩料理的店。

有當地色彩的門簾；牆邊架著大塊原木；沖繩好酒排排站；有招財進寶的擺設；高掛居酒屋常見的紅燈籠；貼著大家到此一遊的歡樂合照等。

沖繩的名酒

店員親切地送上濕毛巾讓我們擦手後就開始點酒了。對於會喝酒的人來說，沖繩特產的蒸餾酒──「泡盛」（泡盛 < a.wa.mo.ri >；酒名，一杯530日圓）應該是耳熟能詳吧！淡黃的酒色，酒精濃度約40度左右，帶有獨特的芳香。另外，我也請店員幫我們推薦其他酒類，他則拿出了2個寫著

1 這家店會給學生打折！
2 門口有可愛的小獅子。
3 北口店門口有個大紅燈籠。
4 這是富有當地色彩的門簾。
5 這擺設是象徵著招財進寶的意思。
6 沖繩好酒排排站。
7 一個人的話也可以坐在吧檯區。

9

10

「殘波」（殘波 < za.n.pa >；酒名）
的大酒瓶，請我們喝喝看。

沖繩的佳餚

在料理方面，店裡有提供沖
繩當地的雞肉與豬肉，也能吃得
到平常吃不到的東西。比方說，
配酒小菜中的「鮪魚絲」、「一
種叫做『海葡萄』的海藻」、「苦
瓜炒豆腐與青菜」等。順帶一提，

這是服務生推薦的沖繩名酒。

沖繩人都把「ニガウリ」（< ni.ga.u.ri >；苦瓜）叫成「ゴーヤー」
（< go.o.ya.a >）！「**圍起我的圍兜兜，いただきま〜す。**」

11

12

8 從外面可以叫得到裡面的服務生。　9 大家都在這裡留下了歡樂的合照。　10 這是由竹子蓋成的小房間。
11 大塊原木上釘著菜單。　12 熱炒苦瓜是必點的沖繩料理。

這鮪魚絲越嚼越香。

一粒一粒的海葡萄，說穿了就是「海藻」。

中文名	日文名	羅馬拼音
鮪魚絲 （580 日圓）	まぐろジャーキー	ma.gu.ro.ja.a.ki.i
海葡萄 （650 日圓）	海ぶどう _{うみ}	u.mi.bu.do.o
苦瓜炒豆腐與青菜 （780 日圓）	ゴーヤーチャンプルー	go.o.ya.a.cha.n. pu.ru.u

　　買完單後，店員熱情地送我們到店門口，還親手為每個人奉上一顆糖果。這間店的服務真的很不錯，下次想要在東京吃吃沖繩料理時，不妨來這家吧！

1 當時很想點炭燒雞肉與豬肉。
2 我邊喝酒邊吃小菜。
3 吃了這鮪魚絲會上癮。

▎九州料理：BETTAKO

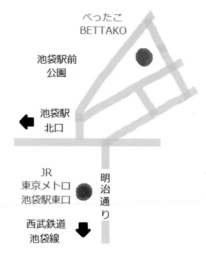

べったこ
BETTAKO

池袋駅前
公園

池袋駅
北口

JR
東京メトロ
池袋駅東口

明治通り

西武鉄道
池袋線

▎沖縄料理：泡盛と沖縄料理ニライカナイ本家

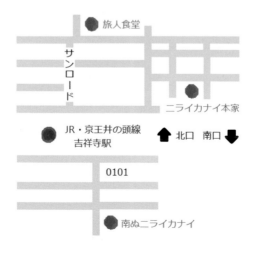

旅人食堂

サンロード

ニライカナイ本家

JR・京王井の頭線
吉祥寺駅

北口　南口

0101

南ぬニライカナイ

WEB 網址

べったこ（BETTAKO）
→ http://tabelog.com/tokyo/A1305/A130501/13003976/
公益財団法人｜東京観光財団｜繁體中文
→ http://www.gotokyo.org/tc/index.html
東京ファンクラブ
→ https://ja-jp.facebook.com/TokyoFanClub.JP
澤乃井｜小澤酒造株式会社
→ http://www.sawanoi-sake.com/
喜正・野崎酒造株式会社
→ http://www.kisho-sake.jp/
中村酒造
→ http://www.chiyotsuru.jp/
田村酒造場
→ http://www.seishu-kasen.com/
石川酒造株式会社
→ http://www.tamajiman.co.jp/
野口酒造店
→ http://osakelist.com/tokyo/noguchi
豊島屋酒造
→ http://www.toshimayasyuzou.co.jp/
小山酒造
→ http://www.koyamashuzo.co.jp/
泡盛と沖縄料理ニライカナイ本家
→ http://www.hometown.ne.jp/j-shop/honke/

★最道地的實用句★【在餐廳想要分開結帳時】

お会計は別々でいいですか？
かいけい　べつべつ

< o.ka.i.ke.e wa be.tsu.be.tsu de i.i de.su ka >

我們可以分開結嗎？

過癮！
大開眼界的日本美食文化

在台灣，我們的捷運是嚴禁飲食的；在日本，在電車上雖然可以吃東西，但是大家好像都有著一樣的默契，盡量避免在車上進食。這是因為擔心食物的味道會帶給同車乘客困擾，從這一點也反映出日本人不給他人添麻煩的美德。我來到日本後才發現這樣的生活禮儀，也算是搭電車的一個潛規則吧！此外，我也注意到在飲食文化上，其他許許多多好玩的事！

這是過年時常見的年菜傳單。

6-1 團圓的年夜飯：おせち料理

　　接近年底時，在百貨公司看到一張「おせち料理」（おせち料理 < o.se.chi.ryo.o.ri >；年菜）的傳單，顏色鮮豔的菜色讓人口水直流。這樣吃下來，一個人要花不少錢，而且這些年菜都是限量的，要領號碼牌才能買得到喔！但一般人家都吃得這麼好嗎？「**真相，你・在・哪・裡**？」古靈精怪的我，請住在東京的日本朋友，把他們家的「年菜」拍給我看看。

一窺大眾化的年菜

「大晦日」（大晦日 < o.o.mi.so.ka >；除夕）裡登場的主角——「そば」（< so.ba >；蕎麥麵）稱之為「年越しそば」（年越しそば < to.shi.ko.shi.so.ba >；除夕夜吃的蕎麥麵），取其細長之意，祈求長命百歲、延年益壽。

■ 年菜組合 1：

右邊是「かけそば」（< ka.ke.so.ba >；熱湯蕎麥麵）

左邊是 ① 卵（卵 < ta.ma.go >；要打在麵上的雞蛋）

② 海老の天ぷら（海老の天ぷら < e.bi.no.te.n.pu.ra >；炸蝦）

※「海老の天ぷら」簡稱為「海老天」（海老天 < e.bi.te.n >）

③ かき揚げ（かき揚げ < ka.ki.a.ge >；什錦炸餅）

※ 大家聽到了日文「かき」（< ka.ki >）會聯想到「牡蠣」吧！

但這道菜裡沒有「牡蠣」。

日本朋友的媽媽所煮的熱湯蕎麥麵。

蕎麥麵可以吃熱的，也可以吃涼拌的。

■ 年菜組合 2：

右邊是「ざるそば」（＜ za.ru.so.ba ＞；涼拌蕎麥麵）

左邊是 ① のり（＜ no.ri ＞；海苔）

② 海老の天ぷら（海老の天ぷら＜ e.bi.no.te.n.pu.ra ＞；炸蝦）

③ かき揚げ（かき揚げ＜ ka.ki.a.ge ＞；什錦炸餅）

每道菜所象徵的意義

「お正月」（お正月＜ o.sho.o.ga.tsu ＞；新年）登場的各式年菜，
都象徵著各種好兆頭！

1 這些都是家常年菜。
2 每道年菜也都有特別的含意。

① 黑豆（黑豆〈ku.ro.ma.me〉；黑豆）：取「まめ」（〈ma.me〉；誠實、健康、勤奮）的諧音，希望今年也能健健康康。

② なます（〈na.ma.su〉）：用醋涼拌紅蘿蔔及白蘿蔔而成的冷盤。紅白是象徵吉祥的配色。

③ タコのお刺身（タコのお刺身〈ta.ko no o.sa.shi.mi〉；章魚生魚片）：生章魚切片而成的紅白兩色，也是吉祥的象徵。

④ 日本酒（日本酒〈ni.ho.n.shu〉；日本酒）：日本重要儀式中扮演著重要角色的日本酒（清酒），是可淨化身心的聖水。即便是未成年，也可以喝一點點！

⑤ 和菓子（和菓子〈wa.ga.shi〉；和菓子）：仿櫻桃外型製成的日式甜點，用鮮紅的顏色來討吉利。

⑥ 田作り（田作り〈ta.zu.ku.ri〉；沙丁魚小魚乾）：「田作り」字面上雖是「耕田」之意，但由於過去耕田時用的肥料是沙丁魚，所以現在也有「沙丁魚」的意思了。日本人藉由此道年菜，祈求擁有大豐收的一年。

⑦ たまご（〈ta.ma.go〉；蛋）：祈求「子孫繁栄」（子孫繁栄〈shi.so.n.ha.n.e.e〉；子孫代代相承）所用的蛋。

⑧ 昆布（昆布〈ko.n.bu〉；昆布）：在口語中會說成「こぶ」（〈ko.bu〉），取「喜ぶ」（喜ぶ〈yo.ro.ko.bu〉；開心）的諧音，祈求幸福快樂。

⑨煮物（煮物 < ni.mo.no >；燉煮料理）：各種食材經過調味所燉煮出的佳餚。

⑩お雑煮（お雑煮 < o.zo.o.ni >；年糕湯）：這碗裡面有年糕、青菜、魚肉等，是過年餐桌上的固定班底。據說喝這碗年糕湯，是為了要祈求大豐收與全家平安。

⑪お箸入れ（お箸入れ < o.ha.shi.i.re >；筷套）：看起來喜氣洋洋，而且上面印著的「寿」（寿 < ko.to.bu.ki >；壽），是有人過生日嗎？不是不是，這裡的「寿」是代表喜事，另外也有祝賀之意！

よいお年を。

< yo.i o to.shi o >
祝你有個好年。（12 月 31 日之前説）

明けましておめでとう（ございます）。

< a.ke.ma.shi.te o.me.de.to.o (go.za.i.ma.su) >
新年快樂。（1 月 1 日之後説）

Chapter 6-2 優質學生餐廳：
拓殖大学、早稲田大学

這次為了讓大家知道日本的大學生們中午都吃些什麼，特別突擊了兩所大學的「学食」（<u>学生食堂</u> < ga.ku. se.e.sho.ku.do.o >；學生餐廳），一所是我教中文的「拓殖大学」（<u>拓殖大学</u> < ta.ku.sho. ku.da.i.ga.ku >；拓殖大學）；另一所是我讀博士班的「早稲田大学」（<u>早稲田大学</u> < wa.se.da.da.i.ga.ku >；早稻田大學）。二話不說，請跟我來！

1 點餐前先到購票機買餐券吧！
2 之後把餐券遞給廚房阿姨。

▌拓殖大學的八王子校區

第一所大學的學生餐廳，位於拓殖大學的八王子校區。在購餐前要先買餐券，請大家排隊買票吧！這家餐廳會把各式料理分門別類，只要把餐券帶到指定的區域，交給廚房阿姨就可以了。學生餐廳的餐點又便宜又好吃，我曾經吃過「味噌拉麵」、「蛋包飯套餐」、「鮭魚生魚片蓋

1 這是鮭魚生魚片蓋飯。
2 這碗是學生餐廳裡一定會有的「味噌拉麵」。
3 蛋包飯被我從上面挖了一個小洞。
4 豬肉蓋飯上的洋蔥又甜又好吃。

飯」與「豬肉蓋飯」等，都差不多 3、400 日圓左右。在宿舍區的
學生餐廳比較新，蓋得美輪美奐，很有度假村的感覺。

5 上課前可以在躺椅上睡一會兒。
6 這裡很有度假村的感覺。
7 學生餐廳鄰近宿舍。

早稻田大學的早稻田校區

第二所大學的學生餐廳在早稻田大學的早稻田校區。那裡採自助式，把餐點都放到托盤上後，再到收銀台前結帳。我在餐廳的牆上看到「そばアレルギー」（< so.ba.a.re.ru.gi.i >；蕎麥麵過敏症）覺得這個詞很稀奇，

裝滿了一整個餐盤的午餐。

原來有些人吃了蕎麥麵會有嘔吐、腹瀉、起疹子等症狀，所以提醒大家這裡的麵都是和蕎麥麵一起煮的。今天我的午餐有：

中文名	日文名	羅馬拼音
滷蛋 （52 日圓）	煮卵	ni.ta.ma.go
涼拌豆腐 （52 日圓）	冷やっこ ＊也可寫成「冷奴」	hi.ya.ya.k.ko
馬鈴薯玉米沙拉 （84 日圓）	ポテト＆コーンサラダ	po.te.to & ko.o.n.sa.ra.da
白飯 （105 日圓）	ライス	ra.i.su
加入豬肉、洋蔥、胡蘿蔔等的味噌湯 （105 日圓）	とん汁 ＊也可寫成「豚汁」	to.n.ji.ru
熱茶 （免費）	お茶	o.cha

熱茶及開水都可免費自取！我邊吃飯邊看著餐廳發的宣導手冊，才發現原來收據裡藏著一些「健康密碼」。手冊説收據下方會有一些數字，告訴你這餐的營養攝取了多少的量。

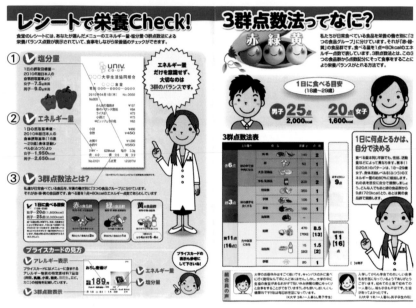

這是教大家吃出健康的宣導手冊。

① 塩分（塩分^{えんぶん} < e.n.bu.n >；鹽分）

② エネルギー量（エネルギー量^{りょう}
< e.ne.ru.gi.i.ryo.o >；熱量）

③ 3群点数法（3群点数法^{さんぐんてんすうほう} < sa.n.gu.
n.te.n.su.u.ho.o >；把各種食物的營
養素依類型分成以下「赤、緑、黄」
（紅、綠、黃）3種顏色並數值化。）

這收據下方真的有「健康密碼」！

18 到 29 歲的男女一天標準的攝取量如下：

	① 鹽分	② 熱量	③ 3 種顏色的營養素
女生	7.5 克	1950 卡	20 分（1600 卡）
男生	9.0 克	2650 卡	25 分（2000 卡）

　　以前在台灣讀大學的時候，都沒有這麼注意飲食的均衡。有了這些數字，可以避免偏食的狀況，警惕自己所需要補充的營養。我要每天健・康・百・分・百！

★最道地的實用句★【投購票機前想換零錢時】

りょうがえ
両替したいのですが……。

< ryo.o.ga.e.shi.ta.i no de.su ga >

我想跟您換個零錢。（＝我想把大鈔換開。）

※ 一般便利商店等店家不願給客人換零錢。

秋天是賞楓的最佳季節。

這是餐廳的全景。

6-3 群馬當地特產：田丸屋

正逢秋季楓葉染紅大地之際，日本朋友帶我去了一家在「群馬県」（群馬県 < gu.n.ma.ke.n >；群馬縣）吃「うどん」（< u.do.n >；烏龍麵）的餐廳，那家店叫做「田丸屋」（田丸屋 < ta.ma.ru.ya >；玉丸屋）。一進店裡，我們就把鞋子放到有美麗花紋的鞋櫃裡。因為是家名店，再加上今天是星期天，所以高朋滿座，大多是一家人來用餐。每桌旁邊都有一個熱水壺，讓客人方便加茶水。

餐點終於上桌了

我們點的餐終於送來了。看到這些豐富的菜色，等這麼久也值得了。我點的是涼烏龍麵（1000 日圓），但也有熱烏龍麵供客人選擇。

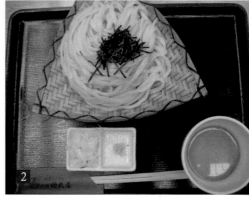

1 池塘上面有紅色的鳥居。
2 中間是我的涼烏龍麵；右下方是芝麻醬。

「圍起我的圍兜兜，いただきま～す。」我用筷子夾了一點涼的烏龍麵加到芝麻醬裡和了一下，滑溜的烏龍麵很有嚼勁，配上香濃的芝麻醬，簡直是「亞當碰上了夏娃」，天生的一對，絕配、絕配！

■ 配菜有：

① 涼拌舞茸菇　　② 煮茄子　　③ 蒟蒻花椒

④ 牛蒡絲　　　　⑤ 芝麻拌菠菜　⑥ 蘿蔔泥拌樸蕈（菇名）

（1800 日圓）

當地的新奇特產

　　當地還有一些新奇的東西！比方說，日文裡「人参」（人参 < ni.n.ji.n >）是紅蘿蔔；「大根」（大根 < da.i.ko.n >）是白蘿蔔，而我看到的蘿蔔有紅色的，也有紫色的，真是有趣！接下來也看到了這裡的名產──「焼きまんじゅう」（焼きまんじゅう < ya.ki.ma.n.ju.u >；烤饅頭），4 個賣 200 日圓。裹滿了味噌醬的饅頭烤得很香。隔壁超市也有來自富士山的天然汽水！

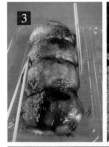

1 6 種配菜，都很可口。
2 芝麻醬與烏龍麵，纏綿在一起。
3 烤饅頭要趁熱吃。
4 泛紫的白蘿蔔你看過嗎？
5 富士山汽水 200 日圓（含稅）。

好吃的土耳其飯

我在高速公路的休息站裡，又突然看到叫做「トルコライス」的餐廳看板，顧名思義應該就是「トルコ」（<to.ru.ko>；土耳其）＋「ライス」（<ra.i.su>；飯）吧！但字典說這料理居然是從「長崎」（長崎<na.ga.sa.ki>；長崎）發跡的！

吃了這麼多的東西，我的胃終於受不了了，跑去洗手間時，發現有趣的中文標示——「男人廁所」（本以為是中國大陸的用語，但內地朋友表示也不這麼說。）我在洗手間裡發誓，「**下次再也不要這麼貪吃了！**」

6 這家餐廳開在高速公路的休息站裡。
7 我點了土耳其飯。
8 廁所所標示的「男人廁所」很有趣。

WEB 網址

田丸屋
→ http://www7a.biglobe.ne.jp/~tamaruya/

★最道地的實用句★【當想要靠窗的位子時】

窓際の席にしてもらえますか？

< ma.do.gi.wa no se.ki ni shi.te mo.ra.e.ma.su ka >

可以幫我安排在靠窗的位子嗎？

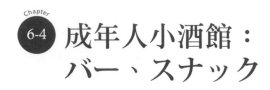

成年人小酒館：
バー、スナック

　　我現在住在「埼玉県」（埼玉県^{さいたまけん} < sa.i.ta.ma.ke.n >；埼玉縣）的住宅區裡，很有趣的是，靠近車站的地方，不論是北口或南口，能喝酒的小店竟然比便利商店還要多得多。走幾步，就有一家。某天我和日本朋友想要去冒險一下！我們先去了北口的「バー」（< ba.a >；酒吧）。

沒招牌的隱密酒吧

　　這家位於北口的酒吧開在鐵道旁，沒有任何的招牌，感覺只做熟人的生意。一進去裡面就是一個大吧檯，旁邊有許多酒瓶的大酒櫃，以及適合兩個人的沙發區。店內光線昏暗，滿有氣氛的。我們就坐在吧檯上，和其他不認識的客人喝著調酒。

四海一家皆兄弟

　　整家店只有一個大哥在，而且他都在吧檯裡面忙東忙西。等忙到告一個段落，就會主動跟客人們聊聊天。就連坐在隔壁桌不認識的先生（附近店家的老闆）與小姐，知道我是台灣人後，紛紛都告訴我去台灣玩的經驗。來到日本之後，很多日本人都會跟我說：「我以前去過台灣的哪裡哪裡！」、「我下次要去台灣的哪裡哪裡！」總覺得「怎麼玩台灣」是個很好的破冰話題。聊得是很開心，但酒錢卻有點昂貴。

到底要不要進去呢

之後，我們又選了一個黃道吉日往南口的「スナック」（<su.na.k.ku>；提供簡餐的酒館）前進。走到地下室，在店家門口掛著的牌子上面寫著：「十八才未満の方入店お断りいたします」（未滿 18 歲的人士謝絕入店）。「**太好了！（拍拍胸脯）還好我過 18 歲已經很久了……**」而我的日本朋友提醒我，有些像有藝妓表演的店家等，都是「一見さんお断り」（一見さんお断り < i.chi.ge.n.sa.n o.ko.to.wa.ri >；謝絕生客），所以我們兩個人一直在店外不斷地徘徊。「**到底要不要進去？**」

當下我就志願先前去交涉，問問店家可否進去消費。我出來後，馬上兩隻手在頭上比圈，交 ・ 涉 ・ 成 ・ 功！這家小店也只有一個大姊顧店，格局跟之前的酒吧差不多，但多了許多電視螢幕，可以讓客人點歌歡唱（1 首 200 日圓，付 500 日圓就能唱整晚）。店內有搖鈴什麼的，提供給客人助興。

高超的話題切換能力

當天客人不多，只有我們 3 個人而已，所以大姊馬上送來我們點的酒與「お通し」（お通し < o.to.o.shi >；下酒小菜）。包括居

1 未滿 18 歲的人士謝絕入店。
2 在小酒館裡我用搖鈴助興。
3 我最喜歡唱卡拉 OK 了。

はかなく揺れる　髪のにおいで
深い眠りから覚めて

酒屋等地方，一般在點酒後都會自動送上付費小菜，所以大家在結帳時看到帳單上的這筆費用可別太驚訝！

左邊是下酒菜的麵條；右邊是梅酒。

之後大姊就坐在旁邊跟我們聊天，她非常健談，從這附近的地理環境，聊到喜歡養的寵物，再聊到店裡要缺人的事。我跟大姊説：「**我這個朋友看似年輕，但其實人很老成！**」就這樣，大姊連問了像：「**10 年前你在做什麼？**」、「**你的人生中哪個階段最開心呢？**」等幾個很有深度的問題。大姊在話題的「**深**」與「**淺**」之間，具有高超的切換能力，「**真有妳的！**」我覺得她非常了解説話的藝術。

聽說這家店從晚上 8 點開到凌晨 1 點。下班之後，來這裡喝喝小酒、聊聊天、唱唱歌、吃吃東西等，都非常紓壓。要結帳時，日本朋友教了我一個單字——「おあいそ」（< o.a.i.so >；用餐後的帳單或是結帳之意），是要對大姊說的。在這家店也花了幾千日幣，但歡樂的回憶可是無價的！

★最道地的實用句★【結帳後想要收據時】

<ruby>領収書<rt>りょうしゅうしょ</rt></ruby>をもらえますか？

< ryo.o.shu.u.sho o mo.ra.e.ma.su ka >

可以給我收據嗎？

Chapter
6-5 優質的伴手禮：
富士山巧克力等

　　在日本吃了一圈，現在該是為各位介紹回台灣時的伴手禮的時候了。一說到伴手禮，平常我都會收到日本朋友送的小點心，而這些點心感覺上不管是包裝及味道都頗具水準。當然，連日本人都覺得不錯的點心，那麼一定是有口皆碑

巧克力的包裝美輪美奐。

的，所以小弟想在這裡借花獻佛，也推薦給大家參考參考：

■ 富士山巧克力

　　聽説這個「チョコレート」（< cho.ko.re.e.to >；巧克力）是 3776 公尺的富士山 18 萬分之 1 的縮小版！打開包裝後把巧克力放在手上，真的宛如一個小模型，連積在山頭上的白雪也栩栩如生。其實這個巧克力在機場的紀念品區都有在賣，很好找！

富士山巧克力，做得跟真的一樣。

■ 鰻魚派

在日本，可以吃得到很多不同的「パイ」（＜pa.i＞；長得有點像仙貝的「派」），而這鰻魚口味的派滿特別的，裡面還加了堅果、蜂蜜等。派皮吃起來酥酥脆脆的，相當爽口。

■ 兔子糕點

兔子糕點的日文叫做「うさぎまんじゅう」（＜u.sa.gi.ma.n.ju.u＞），其中「まんじゅう」的漢字為「饅頭」。就像饅頭一樣外表白白的，不過裡面卻包有紅豆泥！這隻兔子造型的糕點做得這麼可愛，教人怎麼捨得吃呢？

■ 小鯛魚燒

「鯛魚燒」一般給人大大一條的印象吧！但這家店的鯛魚燒很不一樣！內餡用的紅豆是來自北海道的十勝，外型又迷你又圓滾滾，一口一個剛剛好。這個討喜的程度，與兔子糕點不相上下。

1 鰻魚派吃起來酥酥的。
2 兔子糕點會讓人捨不得吃下去。
3 超迷你的鯛魚燒，想來一口嗎？

■ 夾心餅乾

這薄薄香甜的奶油餅乾，咬下
去後就能看到中間夾著的白色
巧克力。這家店也有推出巧克
力口味，一樣能滿足愛吃夾心
餅乾的饕客們。

夾心餅乾有兩種口味。

中文名	日文名	羅馬拼音
富士山迷你巧克力 （8 個 525 日圓）	富士山ミニチュア クランチチョコレート	fu.ji.sa.n.mi.ni.chu.a. ku.ra.n.chi. cho.ko.re.e.to
鰻魚派 （10 個 712 日圓）	うなぎパイ	u.na.gi.pa.i
兔子糕點 （1 個 185 日圓）	うさぎまんじゅう	u.sa.gi.ma.n.ju.u
小鯛魚燒 （4 個 390 日圓）	まめたい焼き鉄子	ma.me.ta.i.ya.ki. te.tsu.ko
夾心餅乾 （7 個 535 日圓）	シュガーバターの木	shu.ga.a.ba.ta.a.no.ki

　　除了以上的伴手禮外，「期間限定」（期間限定＜ki.ka.n.ge.
n.te.e＞；有銷售期限）的零嘴等也可以列入考慮。這些口味不但平
時很難買到，而且也具有紀念性，所以不失為另一個購買的選擇。
連像蝦味先的點心都進化成了巧克力棒，趕快帶一包回台灣炫耀一
下吧！

這次各位與小弟走遍了日本的大江南北，吃遍了各種山珍海味，想必在旅程中收穫不少吧！大口大口吃進了有形的「美食」與無形的「知識」——各式日本料理的說法、餐桌禮儀以及日本人的傳統觀念及想法等，讓我們對日本有了更深一層的認識。日本人吃飯前都會說的那一句「我開動了」，其實裡面蘊藏著許多的感謝。感謝動植物們犧牲小我、完成大我，默默地為人類奉獻；也要感謝生產、運送食材的人，託他們的福，我們什麼都能吃得到；更要感謝為我們煮飯、燒菜的人，因為煮出一頓飯是多麼不簡單的事啊！衷心期望今後各位與美食再次邂逅時，千萬別忘記要大聲地喊出，屬於我們的那句老台詞：「いただきます！」

1 限定商品很吸睛。
2 這是像蝦味先的點心。
3 大家也可考慮買限定商品當伴手禮。
4 這兩種巧克力球都是冬天的限定版。

富士山巧克力
→ http://www.mary.co.jp/new_open/fjcrunch.html

鰻魚派
→ http://www.shunkado.co.jp/sweets/unagipai_s/post_56.php

兔子糕點
→ http://www.ueno-usagiya.jp/okashi1/okashi1.htm

小鯛魚燒
→ http://tetsuji-taiyaki.jp/products02.html

夾心餅乾
→ http://www.sugarbuttertree.jp/

★最道地的實用句★【想請店員包裝前撕掉標價時】

ねふだ　はず
値札を外してもらえますか？
< ne.fu.da o ha.zu.shi.te mo.ra.e.ma.su ka >
可以幫我把標價撕掉嗎？

附錄
Appendix

日本的行政區

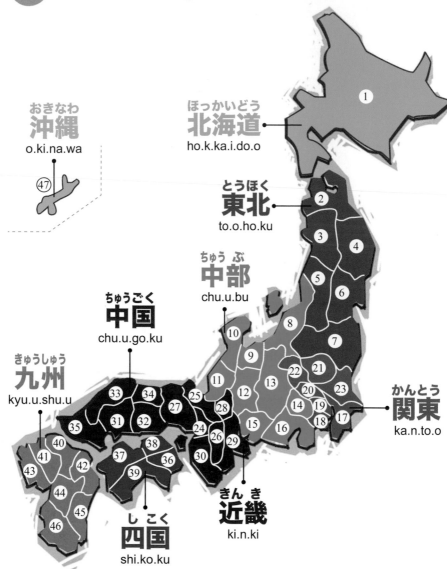

おきなわ
沖縄
o.ki.na.wa
㊼

ほっかいどう
北海道
ho.k.ka.i.do.o
①

とうほく
東北
to.o.ho.ku

ちゅう ぶ
中部
chu.u.bu

ちゅうごく
中国
chu.u.go.ku

きゅうしゅう
九州
kyu.u.shu.u

かんとう
関東
ka.n.to.o

きん き
近畿
ki.n.ki

し こく
四国
shi.ko.ku

① 北海道 ほっかいどう ho.k.ka.i.do.o	② 青森県 あおもりけん a.o.mo.ri ke.n	③ 秋田県 あきたけん a.ki.ta ke.n	④ 岩手県 いわてけん i.wa.te ke.n
⑤ 山形県 やまがたけん ya.ma.ga.ta ke.n	⑥ 宮城県 みやぎけん mi.ya.gi ke.n	⑦ 福島県 ふくしまけん fu.ku.shi.ma ke.n	⑧ 新潟県 にいがたけん ni.i.ga.ta ke.n
⑨ 富山県 とやまけん to.ya.ma ke.n	⑩ 石川県 いしかわけん i.shi.ka.wa ke.n	⑪ 福井県 ふくいけん fu.ku.i ke.n	⑫ 岐阜県 ぎふけん gi.fu ke.n
⑬ 長野県 ながのけん na.ga.no ke.n	⑭ 山梨県 やまなしけん ya.ma.na.shi ke.n	⑮ 愛知県 あいちけん a.i.chi ke.n	⑯ 静岡県 しずおかけん shi.zu.o.ka ke.n

青森縣夏季期間趕走瞌睡蟲的大型燈籠睡魔祭。

17 千葉県
ち ば けん
chi.ba ke.n

18 神奈川県
か な がわ けん
ka.na.ga.wa ke.n

19 東京都
とう きょう と
to.o.kyo.o to

20 埼玉県
さい たま けん
sa.i.ta.ma ke.n

21 栃木県
とち ぎ けん
to.chi.gi ke.n

22 群馬県
ぐん ま けん
gu.n.ma ke.n

23 茨城県
いばら ぎ けん
i.ba.ra.ki ke.n

24 大阪府
おお さか ふ
o.o.sa.ka fu

京都府清水寺是列名世界文化遺產的歷史古剎。

25 京都府
きょう と ふ
kyo.o.to fu

26 奈良県
な ら けん
na.ra ke.n

27 兵庫県
ひょう ご けん
hyo.o.go ke.n

28 滋賀県
し が けん
shi.ga ke.n

29 三重県
み え けん
mi.e ke.n

30 和歌山県
わ か やま けん
wa.ka.ya.ma ke.n

31 広島県
ひろ しま けん
hi.ro.shi.ma ke.n

<table>
<tr>
<td>

32
おか やま けん
岡山県
o.ka.ya.ma ke.n

</td>
<td>

33
しま ね けん
島根県
shi.ma.ne ke.n

</td>
<td>

34
とっ とり けん
鳥取県
to.t.to.ri ke.n

</td>
<td>

35
やま ぐち けん
山口県
ya.ma.gu.chi ke.n

</td>
</tr>
<tr>
<td>

36
とく しま けん
徳島県
to.ku.shi.ma ke.n

</td>
<td>

37
え ひめ けん
愛媛県
e.hi.me ke.n

</td>
<td>

38
か がわ けん
香川県
ka.ga.wa ke.n

</td>
<td>

39
こう ち けん
高知県
ko.o.chi ke.n

</td>
</tr>
<tr>
<td>

40
ふく おか けん
福岡県
fu.ku.o.ka ke.n

</td>
<td>

41
さ が けん
佐賀県
sa.ga ke.n

</td>
<td>

42
おお いた けん
大分県
o.o.i.ta ke.n

</td>
<td>

43
なが さき けん
長崎県
na.ga.sa.ki ke.n

</td>
</tr>
<tr>
<td>

44
くま もと けん
熊本県
ku.ma.mo.to ke.n

</td>
<td>

45
みや ざき けん
宮崎県
mi.ya.za.ki ke.n

</td>
<td>

46
か ご しま けん
鹿児島県
ka.go.shi.ma ke.n

</td>
<td>

47
おき なわ けん
沖縄県
o.ki.na.wa ke.n

</td>
</tr>
</table>

沖繩料理的苦瓜炒蛋還包括了豆腐、豬肉等。

221

附錄 東京都電車路線圖

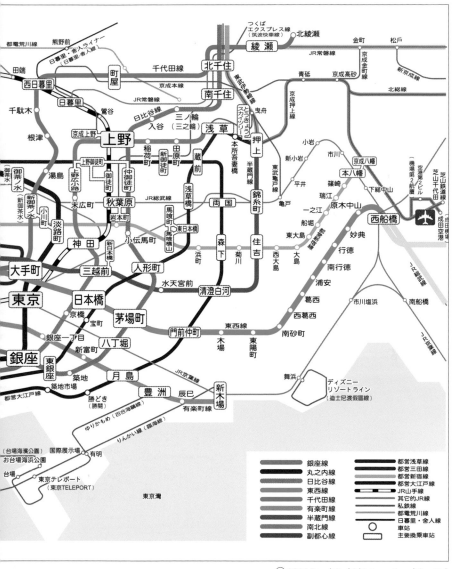

附錄 我的美食行囊準備表

重要物品			✓
1	護照	應注意效期是否為 6 個月以上	
2	護照影本	正本可鎖在保險箱;影本可放在身上	
3	日幣或信用卡	國際性的信用卡都能在日本使用	
4	國際駕照或學生證	若要在日本開車,可向監理站申請駕照的譯本	
5	私密包包	譬如可放入護照等重要物品的霹靂腰包	
6	緊急聯絡資料	先準備好日本台灣代表處的聯絡方式、信用卡銀行的電話、來回航班的資訊、在日本投宿的地址及電話等,留影本給家人備用。除了能讓家人放心外,在國外遺失時還可向家人確認	
7	藥品	吃的	平時定期服用的藥物外,可多準備感冒、止瀉、止痛、退燒、胃藥等備用藥	
		擦的	小護士(=曼秀雷敦)、萬金油也可攜帶,如護唇膏在較乾燥的機艙內可使用	

衛生用品			✓
1	盥洗用品	如小牙膏、牙刷、香皂、沐浴精等的旅行組合，視需要攜帶	
2	毛巾	在行李箱中可用來包覆易碎物品	
3	隨身包面紙	可多帶，即使回程行李多了，也可留在日本	
4	梳子	以防飯店沒有準備	
5	指甲刀	收在旅行箱中託運	
6	隱形眼鏡用品	如保存液、藥水、盒子等，或是提前準備好拋棄式的隱形眼鏡	
7	化妝保養品	如防曬乳等。帶上飛機的液體、膠狀及噴霧類物品容器，不得超過 100 毫升	
8	生理用品	雖然當地也有販售，但依需要攜帶	
9	刮鬍用品	若用電動刮鬍刀的人，記得也要攜帶充電器	

穿戴衣物			✓
1	鞋襪	準備一雙好走的鞋子，而涼鞋、輕便拖鞋可依需要攜帶	
2	內褲	可考慮拋棄式的內褲	
3	衣服	事先了解當地的天氣，選帶適當的衣物。若要玩水，要帶泳衣	
4	睡衣	突然有什麼緊急狀況，可當作備用的服裝	
5	配件	帽子、陽傘或折疊雨傘、墨鏡、口罩（或眼罩）、圍巾、手帕（或乾洗手）等依需要攜帶	

其他物品			✓
1	文具用品	紙筆很重要，便利貼、小記事本等依需要攜帶	
2	旅行箱束帶	若鎖壞了，可用束帶來綁住旅行箱	
3	購物袋或登機箱	回程行李變多時，可拿來當作手提行李上機	
4	OK 蹦	不怕一萬，只怕萬一	
5	橡皮筋、夾子或夾鏈袋、塑膠袋	這些方便的小東西不時可派上用場	
6	水壺或環保筷	依需要攜帶	
7	送給日本朋友的紀念品	依需要攜帶	
8	旅行靠枕或伴睡玩偶	依需要攜帶	
9	防狼噴霧等防身器具	依需要攜帶	
10	解鄉愁泡麵	依需要攜帶	

電子產品		✓
1	手錶	若是跟團的話，可隨時把握時間，下飛機後記得要調快 1 個小時	
2	手機或（單眼）相機	別忘了帶電池與充電器	
3	插座轉接頭	日本大部分是兩孔的插座，所以若使用的是三孔的電子用品，記得帶轉接頭	
4	鬧鐘或計算機	若手機有鬧鐘及計算的功能就更方便了	
5	電子字典或旅遊書	依個人需要攜帶，若是觀光地圖的話，當地都可以免費索取	

我還需要		✓
1		
2		
3		
4		
5		
6		
7		
8		
9		
10		

FUN 世界系列 06

跟著在地人吃日本！
覆面調查員の大東京私房美食情報

作者、攝影｜樂大維
責任編輯｜葉仲芸、王愿琦
校對｜樂大維、葉仲芸、王愿琦

封面、版型設計｜ Yuki
內文排版｜林士偉

董事長｜張暖彗
社長兼總編輯｜王愿琦
主編｜葉仲芸
編輯｜潘治婷
編輯｜紀珊
編輯｜林家如
編輯｜何映萱
設計部主任｜余佳憓
業務部副理｜楊米琪
業務部組長｜林湲洵
業務部專員｜張毓庭

法律顧問｜海灣國際法律事務所　呂錦峯律師

出版社｜瑞蘭國際有限公司
地址｜台北市大安區安和路一段 104 號 7 樓之一
電話｜ (02)2700-4625
傳真｜ (02)2700-4622
訂購專線｜ (02)2700-4625
劃撥帳號｜ 19914152 瑞蘭國際有限公司
瑞蘭網路書城｜ www.genki-japan.com.tw

總經銷｜聯合發行股份有限公司
電話｜ (02)2917-8022、2917-8042
傳真｜ (02)2915-6275、2915-7212
印刷｜宗祐印刷有限公司
出版日期｜ 2016 年 07 月初版 1 刷
定價｜ 350 元
ISBN ｜ 978-986-5639-73-0

國家圖書館出版品預行編目資料

跟著在地人吃日本！覆面調查員的大東
京私房美食情報 / 樂大維著
-- 初版 -- 臺北市：瑞蘭國際, 2016.07
240 面；14.8 x 21 公分 --
（FUN 世界系列；6）
ISBN：978-986-5639-73-0（平裝）
1. 餐廳 2. 餐飲業 3. 日本
483.8　　　　　　　　　105008850

瑞蘭國際